破卷

如何突破认知局限并实现终身成长

顾及_著

北京联合出版公司
Beijing United Publishing Co.,Ltd.

推荐序

认识顾老师的机缘，是一次有幸受邀给真格基金的被投企业讲商业模式创新的方法论。第一次与那么多80后、90后的年轻创业者交流，那场景今天依然历历在目。不同于我过去20年提供管理咨询服务的那些头部企业领导，这些年轻人并非胸有丘壑，没有目光如炬，没有洞若观火，他们务实、谦逊、好奇、热情。我在这里看到了中国商业生态的新希望，但也生出一些隐忧。也许是受中国传统文化的影响，他们和老一代创业者的共性是，会刻意回避个人的感受、内心的修炼，包括创业的初心。他们孜孜不倦地打磨商业模式的细节，对于如何获客、如何增长效益、如何转化新技术等求知若渴，但很少询问关于文化、价值观、个人成长相关的问题。

实际上，这些和自我认知息息相关的问题，往往决定了一个人是否适合创业，是否能够带领项目从0做到1或者从1做到10。甚至，对于没有创业打算的人来说，多关注这些问题，也能在职业选择和人际交往方面少走一些弯路。

为什么会这样？因为我们习惯性的思维模式、行为模式和情绪模式所建构的认知，定义了我们对于这些问题的答案。虽然说最终的答案本身并没有所谓的对与错，但显而易见的是，如果我们的认知破了圈——原有的局限性被打破，对自己优劣势有了更全面的了解，新的自我认知建立起来，那么我们自身的境界、视野就会随时发生改变，由此也将产生不一样的结果。比如，当谈到创业的时候，在大家习惯性的认知里，会认为一个创业项目是否能成功，关键是要跟上趋势和跑对赛道。真的是这样吗？在绝大多数情况下，事实并非这么简单。其实趋势也好，赛道也好，这是很多人都能看到的，然而这个创业项目的成功与否，更多则取决于项目所属行业或领域的特征与创业者自身优势特征的匹配程度。也就是说，你是否能适应这个趋势，你是否有能力坚持在这条赛道上跑下去，才是你能否获得成功的核心。

所以，正如这本书所强调的，对自己有清晰的自我认知，认清自己的习惯性思维模式、行为模式和情绪模式，识别自我在接受信息时的滤镜和在做判断时的偏见，尤为重要。如果创业者意识到了这一点，并且主动去升级认知，拥抱变化，那么恭喜你，你已经走在了正确的道路上。当然，认知破圈不是一蹴而就的事，这种改变除了需要持之以恒的毅力，更需要真诚面对自我、打破旧模式的勇气。因为对于变化本身，我们并不抗拒，只是对于即将要失去或结束的事物，当我们不知道如何去面对的时候，这些不确定因素会让我们产生害怕及抗拒改变的心理。而顾老师的这本书，用非常接地气的语句和发人深省的案例，归纳了她过去几年教学的所思所想，揭秘了什么是认知破圈和如何让认知破圈的方法，应该能为大家指点迷津。

我觉得这本书不仅是一颗让人敢于拥抱变化的“定心丸”，更是一部包含了外功招式和内功心法、助人认知迭代的“武林秘籍”。坦白说，外功招式相对容易学也容易练，学个一招半式也能开始着手探索自我认知存在的误区。但是，如果不把心沉下来，脚踏实地修炼自我，也很容易迷失在招术里。术是起点，道是终点。在练习这些方法论的同时，也要注意不能放弃对招式背后道理的研习。更重要的是，在精进修行内功时观照自我，通过外部反馈进行总结并内化，从而升级心智和整合自我，突破认知限制，最终创造出崭新的思维模式、行为模式和情绪模式。

心有多大，舞台就有多大。希望大家能拥抱变化，拥抱不确定性，在认知破圈的过程中，收获成功，成就自我。

韦玮

麦肯锡商学院前联合创始人及首任院长

2021 年 6 月 16 日于玉龙雪山

序 言

从失败走向成功，关键在于看清这三种阻碍

研究了几百名失败者，我学到了什么？

“顾老师，我上个月刚关闭了我的公司，解散了一百多人的团队。”

“顾老师，我把公司资产卖了，没想到辛辛苦苦打拼了这么多年，最后也没有赚到钱。”

“顾老师，其实我个人负债有 1.4 亿元，我抑郁很久了。”

这本书是我过去几年教学的结晶。如果一定要问我这几年研究的课题是什么，其实就是两个字——失败。

几年前，我在著名的天使投资机构真格基金徐小平老师的支持下，做了个“失败研究院”。能来这里学习的创业者，需要满足的条件之

一是亏掉至少300万元。我们第一期一共有13位学员，这些学员总共亏掉1.5亿元。过去两年我亲自辅导了200多名创业者，这些创业者合计起来亏了20多亿元，其中有名创业者亏损最多，达4.9亿元。

在这个过程中，我看到了很多创业者对于失败的认知误区。

因此，我首先要帮大家明确失败和成功的定义。

成功的定义有很多种，在这里我们对“成功”先做一个非常功利和狭窄的定义。简单来说，你开了家公司，之后你成功地把公司卖掉赚了一大笔钱，或者你的公司上市了，这都是成功。

影响成功的因素有很多，天时、地利、人和等，因此研究成功是一个很复杂的议题。不然那些标榜成功学的大师，为何也没有教出很多成功的案例?

当然失败的定义也有很多种，在这里我们先将它定义为之前所讲的成功的反面。比如公司关闭；创始人虽然卖掉了公司，但投资人亏钱了；等等。

虽然研究失败并不能保证你一定能成功，但是它有一个好处，就是我们往往可以比较精准地看到自己或者他人失败的地方在哪里，然后避免去踩那些导致失败的坑，从而提高你的事业和人生的成功率。

人们是如何从失败走向成功的呢？我想先跟大家分享一张图。

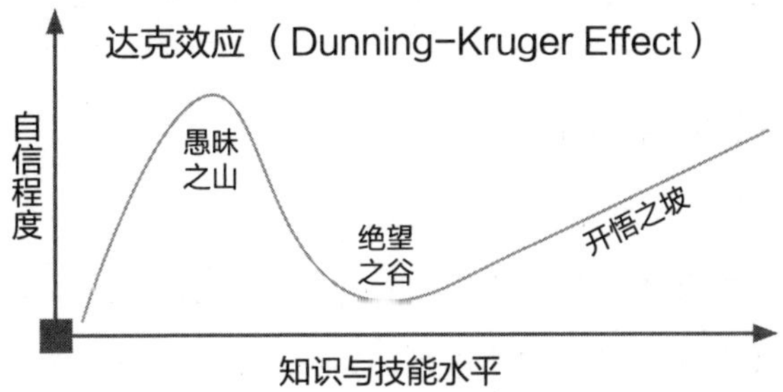

这是达克效应认知曲线。这张图的核心观点是整体水平比较差的人反而会认为自己很厉害。这个错误的认知源于低水平的人不能够辨别自身的不足。当人提高到一定水平，对自己有了更清晰的认知时，反而看到了自身各方面的欠缺与不足，自信程度会不断降低，而那个最低点就是“绝望之谷”，也是最难熬的一段时光。

我们的人生也是一样的。在职场春风得意时，我们很容易变得疏忽大意。这时，失败的隐患往往已经被埋下了。而遭遇失败时，我们会懊悔、自责并从中总结经验，然后做下一次尝试。

但是，并不是所有人都能从“绝望之谷”走到“开悟之坡”的，这是因为在面对失败时，人会遇到两种阻碍，因而无法从失败中获得有用的经验和教训。

阻碍 1：失败带来的痛苦。

一个创业失败者在听到我说“裁员”时，就开始掉眼泪了，因为他上个月刚亲手裁掉了自己一个个招来的 100 多名员工。而这些人在他看来，都是他最亲的人。

另一个创业者一听到“上海”，情绪就会很低落，因为她一年前关闭的公司就是在上海创立的。

当一个人特别痛苦时，他很难面对造成痛苦的真实原因。不是因为他不愿意，而是因为情绪阻碍了他，所以很多人会避重就轻地做反思。

阻碍 2：个体惯性模式。

我面试过一个创业者，他失败了七次。

于是，我问他：“这七次失败的原因分别是什么？”

他告诉我说：“第一次失败是因为融资不利，第二次是因为合伙人骗他，第三次是因为市场环境变化，第四次是因为市场需求没有那么大……”

每一个理由听起来似乎都挺有道理，似乎失败不怪他，都是天不时、地不利、人不和。

但是我们仔细思考一下，融资不利是创业失败的根本原因吗？不是，融资不利只是个结果。

我继续追问他：“是什么造成了融资不利？”

他回答说：“因为商业模式不被投资人看好。”

我认为这并不是失败的根本原因，商业模式一开始不被投资人看好，后来做出来的公司也有很多，比如拼多多。

我再继续挖掘才发现，他每次创业的动机，都是听信了某个亲戚、熟人或者朋友说的有个很赚钱的机会，希望他加入一起干，但他自己并没有做深入的调研去思考这个机会到底是否适合他，他是否有相应的能力和资源去真正地做好这件事。

这就是他认知上一个很明显的“习惯性模式”——不去验证信息真伪，不考虑新机会和自我的匹配程度，盲信他人。这个认知模式导致他创业失败的概率很大。

人具备充分合理化一切事物的能力。也就是说，只要一个人愿意，他可以想出很多听起来很合理的理由去掩盖让他痛苦的深层问题。这种行为在发生连续性失误的情况下更为常见，由此也就有了这个人最初告诉我的、导致他创业失败的七个完全不同的原因。

在生活中也是一样，我们可能没有能力深度挖掘自我失败的真相：因为我长得不好看，所以一直找不到对象；因为我学历不够高，所以找不到工作。从统计学角度看，50% 的人外貌低于平均水平，难道全世界有35亿人都是一辈子单身？中国绝大多数人没上过大学，难道这绝大多数人都没有工作吗？

这些都是借口。人往往会下意识地渴望躲避痛苦和艰辛，因此需要外界推动，才能剖析出失败的真实原因。

很多媒体喜欢总结失败原因，但这些结论的准确性，其实是建立在每个个体数据的准确性上。这样的失败归因通常更注重数据分析方法论的严谨性，而不会花大量时间调研创业失败背后的真正原因，比如上述两种阻碍，因而容易出现结论偏差。而外界所谓的失败经验分享，表面的结论居多，我们听听就好。

举个例子，“没有合适的团队”在一些研究里被认为是导致公司失败的重大原因。

多问几个为什么，你会发现造成这一点的原因有很多：可能是团队的信任基础不稳定，团队成员的观点不一样，团队成员的判断不一致，团队成员的融资理念不同，等等。

再问几个为什么，你会发现很多纠纷是缘于团队成员行事风格、决策风格的不同。

举个例子，你是一个喜欢立即行动的人，我是一个喜欢仔细规划的人，我们俩一起做事肯定就会有摩擦。天长日久，这些摩擦就会慢慢地从观点和风格上的不一致，上升到“这个人有问题”，最后就变成严重针对个体的纠纷。

虽然很多团队的纠纷是缘于成员风格上的不同，但是更多深层次的隐患其实可能在创业之前就被埋下了。一般人在找创业合伙人或组建核心团队时会谈梦想、创业方向，确定大家对这个事感兴趣，却往往不会聊创业的三观。

所谓创业的三观，第一个是金钱观。商业合作的基础是经济利益，因此金钱观是否匹配，会在很大程度上决定在后续利益分配上会起多大的纠纷。当公司融了一大笔钱后，可能 A 更在意的是团队：我们融了一笔新钱，我们要给兄弟们改善生活，提高工资。而 B 更在意的是长远的结果，所以会希望大家继续以原来较低的工资工作，把钱全部投入到业务的增长中。这两种金钱观可能就会引发明显的冲突。

第二个是事业观。有的人为了达到目的会不择手段，有的人则不愿意为事业牺牲其他东西，这两种人在一起就容易起冲突。有的人喜欢小而美的事业，有的人中意大而全的事业，那么公司在发生转型，比如从生产小而美的产品变为生产规模化的产品时，就会失去一些事业观不一样的人。

第三个是世界观，指的是你对世界如何运作的看法。

有的人觉得外界是极度凶险或者充满了尔虞我诈的竞争，因此他的处世方式也容易充斥着浓浓的不信任感。有的人觉得还是好人更多，因此处世方式可能会更乐观或者充满希望。

理解彼此的世界观后，双方会更容易理解对方处理事情的出发点，避免无端的猜忌。

从上面这些分析中我们可以看出，失败的真实原因远比失败的表象要复杂得多。但是，通常很多底层原因都会回归到自我认知所包含的概念上，包括个人风格和价值观。

所以，其实还有第三种阻碍，致使人们无法从失败中获得有用的经验和教训，那就是人们自带的滤镜。

一种常见的滤镜是光环效应，它是指在人际相互作用过程中形成的一种夸大的社会印象，有时最初印象就决定了一个人对另一个人（或事物）的总体看法，形成一种好的或坏的“成见”。举个例子，有人看到我是斯坦福大学毕业的，就觉得我说出来的话肯定有道理，这就是名校的光环效应。有的人会觉得，只要是某某专家说的肯定就有道理，这就是名人的光环效应。

还有的人是反感“光环”的，一看你是斯坦福大学毕业的，就觉得你肯定特别高冷，不容易接近，这其实就是一种偏见。

因此，即便信息是准确的，如果我们不清楚自己在接受信息过程中的偏好，那我们接收到的信息就会出现偏差。

因此，通过研究失败，你最终发掘的是对于自我的了解，对自己了解得越多，从失败中汲取到的教训可能就越多。

基于这三种常见的阻碍，我在讲授失败时，并不会请经历失败的人来分享，也不会自己去研究各种关于失败的案例，而是把一帮有过惨痛失败经验的人聚到一块儿，让他们成为彼此的镜子，看一下自己身上有哪些偏见、误差和收集信息的滤镜，看一下自己在创业、职场和人际关系中有哪些习惯性的思维模式和行为模式，会导致自己重复踏入表面看上去可能不一样、实质上是一样的坑。这些方法论最后被总结成了“什么是认知破圈”的内容。

成功的定义应该很广泛

虽然写书的起因和动力是源自对狭隘定义的“失败”的研究，但我并不想把读者的视野也局限于我对成功的定义和感受。

我支持多元化的成功定义，人短短一生，要做的事情太多，没有哪种追求会优于另一种。

当我告诉一些人我在某短视频平台上有200多万粉丝时，很多人通常会露出羡慕的神情，然后问我："你赚了多少钱？"

当我告诉他们我的这个视频账号并未商业化时，他们都非常吃惊，说："这么好的账号不商业化太可惜了。"

当我告诉他们，我做这个账号纯凭兴趣，我最大的收获来自我通过私信帮助两个想自杀的人打消自杀的念头时，他们突然沉默了，不知道如何回应。

在很多人的视野里，赚钱、求名、争权，就应该是人活着的唯一追求。他们不能理解凭兴趣做事是什么情况，不能理解人生如果没有对财富、权力的追求会怎么样。

可是，如果你运用这本书里的方法，去仔细思辨世界上常见的事物后，你会发现，其实很多种生活模式和价值体系都值得存在。

在上课和写这本书的过程中，我尝试着呈现各种各样的价值观体系，而不去评判其高下。毕竟，我希望展现的是认知的破圈，如果只拘泥于一种价值观体系、一种观察世界的视角或一种思维方式，那怎么能叫破圈呢？

什么是你的理想人生？这个问题的答案因人而异。我个人的理想生活，是一种"悠然见南山"的心境。所以，书里很多自我分析的案例可能会以这种心境来展现背后自由、平等的价值观，但这不代表我要把这种生活方式和价值体系推荐给每一个人。

路是自己走的，你的生活方式和人生哲学，也需要你自己来制定。

同样，书中一些标题和内容也会体现存在主义、达尔文主义、虚无主义、现实主义、享乐主义等思潮，这是为了包容度而做的尝试。我是一个极度感性和极度理性的复合体，所以我写作的文风也会在理性和感性之间摇摆，这也是一种多元化视角的呈现。如果你在阅读中发现自己有时候对书里的说法感到不适，那么这种不适就是帮你去发掘自己在意什么、认同什么的一个很好的契机。这种有意识、有观照的读书方式，也是认知破圈的有效方法之一。

另外，我在书中也会通过不同的方式去体现认知破圈的法则，分别对应了打破认知限制的不同步骤。比如，使用更多图形和完整的咨询案例来帮助记忆和体验（应用的是深刻的体验这个步骤），使用抽丝剥茧的问答帮助梳理思路（应用的是透彻的思考这个步骤），使用工具化的自助表格来帮助练习（应用的是持续的实践这个步骤），等等。

我相信知行合一。也就是说，这本书本身的形式也需要体现它包括的内容，无论是在对价值观的包容上，还是对法则和方法论的应用上，都应有破旧立新的感觉。

希望你能在这本书里感受到价值空间上的自由，从而自在地去打破认知局限，活出真实的自我。

目录

人生原来真的有捷径 _002
从认知菜鸟到认知高手的四个境界 _008
为什么有些人始终无法从失败中吸取教训？ _010
你以为的自我其实是被操纵的傀儡 _024

什么是认知破圈 1

2 认知破圈三步骤

要摆脱浑浑噩噩，你需要深刻的体验 _040

如何做到透彻的思考，直击问题的本质？ _051

把认知内化为能力的高手会做这样的实践 _069

如何找到自己终身的职业方向？（应用 1）_075

如何做到隔行不隔山？（应用 2）_092

掌控不了情绪是因为你不懂察觉 _108
理性解决不了的问题，共情的技巧可以 _117
“坏”情绪是认识自我的好机会 _127
28 岁就升到互联网大厂总监，他为何那么不快乐？（深度案例 1）_141
手把手教你深度剖析情绪 _148

摆脱你的情绪体（破圈法则一）

3

4

扭转你的记忆体（破圈法则二）

过去无法改变，但记忆可以 _152

当下生活中的问题，可能源于记忆的限制（深度案例 2 ）_160

如何通过被遗忘的记忆打开过去的心结（深度案例 3）_178

手把手教你梳理过去的记忆 _194

从外界的眼光里夺回人生的定义权 _200
不要让过去的标签困住当下的自我（深度案例 4）_213
你是为自己而活，还是为人设而活？ _226
做自己人生脚本的编剧（深度案例 5）_229
负面暗示的最大危害是变成一个借口 _241
手把手教你重建自我价值体系 _252

击穿你的信念体（破圈法则三）

5

总结 升级心智，终身成长

认知边界突破后的维护 _264
你可以做被人羡慕的“少数人”_269
“量身定制”三观，就能重塑自我 _278
妙用情绪驱动改变 _291
什么才是生而为人的真正自由 _295

附录 提升思考能力的书单 _297

1

什么是认知破圈

人生原来真的有捷径

“顾老师，别人看我好像很成功，年纪轻轻就年薪百万，可是我依然很焦虑，不太知道下一阶段应该怎么走。”

“顾老师，我在国企做了七八年，突然发现我好像走错路了，这根本不是我想要的。”

无论是对于失败的研究，还是对于时间观念的调整，其实都只是战术问题。

真正的战略问题，是你想如何活好这一生，获得你想要的成功。这里的成功是个性化的，每个人都不一样。

在没搞清战略问题时盲目地去研究战术，最后不仅浪费了时间，还获取不了你想要的成功。战术是无法弥补战略的失败的。

如果你能厘清人生的战略，弄清你适合做什么，对你来说最重要的是什么，你的人生目标是什么，那你就踏上了人生的捷径。

我来分享三个案例。

案例一：

有个女孩特别擅长用意志力来获得自己想要的东西。她不是一个很聪明的人，如果书里字太多她就会犯困，所以大学之前为了学习她经常站着，练成了站着也能睡着的绝技。她把所有空闲时间都花在了学习上：如果别人要花一小时，她就花一天来学习。因为学习结果等于学习时长乘以学习效率，当她学习效率低时她就只能增加学习时长。

当她靠着长时间的努力很不容易地考上了大学后，才发现自己反而超越了周围一些聪明的朋友去了更好的学校。所以在潜意识里，她就认定了坚持就会有好结果，无论是感情问题、工作问题还是生活问题，她就只用这一个逻辑来解决。结果，她在工作上一直很顺利，而在感情上一直非常不顺利。

其实，一个人的优点和缺点就像一个硬币的正反面，即便是最大的优势，如果应用不当，也可能变成最大的劣势。在工作场景下，意志力是这个女孩的助力；在感情上，意志力则无甚用武之地。

这个女孩没有去反思自己对于意志力的依赖模式是否通用，因此花了很多时间才学会了一些简单的道理。比如，她花了十年才弄明白，工作可以拼意志力，但感情不能拼，不是死缠烂打就能追到男生的；她花了五年才弄明白，工作光拼意志力也不行，还需要注重工作方法和战术，方向错了要及时掉头，某些时候坚持不一定有结果，要学会接受改变，而不是一味地固执己见。

如果她能早点认识到任何特质都有其适合和不适合的场景，学会分析意志力用在哪些场景会带来好结果，用在哪些场景会带来坏结果，那么只用几分钟做些推理就能知晓她花费那么多时间、经历很多次失败才学会的道理。

对自己优缺点的分析是认清自己适合什么的重要步骤，因此我在书中会讲述打破认知限制的三个步骤，来帮助大家做这样的梳理。

案例二：

我有一个学员，他并不是个失败者。他在国外有过非常成功的事业，赚了挺多钱，然后回到国内从事另一个行业。但在开拓新公司的业务时，他碰到了各种问题，所以来上我的课。

如果是一般的商学院或者创业课程，可能只会分析公司在管理上出了什么问题，OKR（Objectives and Key Results，目标与关键成果法）怎么应用，有哪些业务拓展或管理的方式，怎么招到很好的销售，等等。但我不做这些，我只是帮助他挖掘深层的自我认知的盲区。

最后发现，他进入这一行业，开这家公司的一个重大原因，是他希望完成母亲很早以前对他的一个期望。但是，当这个期望被挖掘出来以后，他发现这个期望可以通过其他方式，而不只是通过开这家公司来实现。比如，长年累月在外面奔波的他可以回家多陪陪母亲，或者做这个行业的投资者，或者建立一个公益基金会帮助这个领域的人。

实现目标通常有不同的路径，而一般人很有可能会把路径当成最终目标。很多人来问我是否要留学时，其实说不出留学的明确目的，他们只是把留学当作对当前学习工作现状不满的逃避。留学只是一个手段，不是最终的目的。

当这个学员了解到这一点时，在课程中间休息的几天里，他回去就裁掉了公司的一半员工，在课程结束后他就把公司关了。他帮一些员工找到了新工作，另选了几个比较合适的人，投资做了一件他真正想做的事情。然后他的状态就好了很多,不再像以前那么焦虑,变得开心多了。他也意识到和母亲的关系的重要性，跟他妈妈有了更多的沟通，两人关系变得更好，他的幸福指数大大提升。

如果单从他公司的角度来看，来上我的课对他来说是个巨大的损失。但是从整个人生的幸福感和满足感来看，我觉得他绝对是走了捷径的，因为他找到了他真正想要的东西。

当你想问人生是否有捷径时，问题的核心是你怎么定义捷径。

首先，这条捷径应该是你自己定义的，而不是别人告诉你的。

我的一个朋友就吃了这个亏。他带着一个创业想法，充满热情地去请教一个他很尊敬的前辈。前辈很忙，没有很多时间听他说,在并不了解情况的前提下就说了一句:“你太年轻了，不适合创业。”这句话对他来说是一个非常大的打击，让他直接给自己贴上了一个“不适合创业”的标签。但在同龄人的眼里,他是一个非常有执行力、有勇气、意志力坚定的人，还拥有相关领域的知识和必备能力，具备创业者需要的很多优秀品质。但是，在他的心里，那位前辈对他的评价远远重于他对自己的认知，从而影响了他对自我的判断和做出的决策。

其次,在定义这条捷径时,你需要确保自己的视角没有受到限制。

我曾经有一个学员,长得眉清目秀,很有个人魅力,又很有能力,因此很受大家的欢迎。但是，他在人际交往中对自己与他人交往的能力却一直不自信，从而不敢从事任何需要大量人际沟通的工作。

通过自我的深入挖掘，我们才了解到，原来十几年前他有段时间特别胖，在那段时间里，他经常被人瞧不起甚至欺负，从而形成了他对自我外形的定义。虽然后来他通过减肥变成了一个帅哥，但是他对自我的认知依然停留在十几年前那个胖子的身份上，并且这种外形定义阻碍了他去接收当下的自己是个很受欢迎的人的反馈。在这样受限的视角下，他可能只看到了极少的选择，而无法找到真正的捷径。

人的视角都是由自己过往的经历和外在的影响塑造的，所以打破你认知局限的关键一步就是把这些错误的认知和信念发掘出来。我会在“你以为的自我其实是被操纵的傀儡”这一节里进一步描述这些局限。我也会在认知破圈的三个法则里提供一些方法和案例来帮助你发掘你的错误认知，拓宽视野，从而让你找到属于你的人生捷径。

案例三：

有个学员有着亿万身家，但不开心，他说他穷得只剩下钱了。他最初觉得自己财富自由后就能拥有一切，后来发现并不是这样的。他在上完我的课后才发现，帮助他人实现心灵上的成长才是最能带给他快乐的事情。

我们对于万事万物的理解，就好像剥洋葱的过程，你想象的是一个情况，但是一层一层剥开以后，你会发现你真正想要的其实和你最初想象的不一样。

比如，一个学员说：“我赚到2000万元就能实现财务自由了。”

我问：“为什么要实现财务自由呢？”

他说：“因为实现财务自由后，我就可以做我想做的事情。”

我问：“那么你想做什么呢？”

他犹豫了一下说：“我想天天看电视。”

我问：“那你现在不能天天看电视吗？”

他说不上话了。

柏拉图说："我们一直寻找的，却是原本自己早已拥有的。我们总是东张西望，唯独漏了自己想要的，这就是我们至今难以如愿以偿的原因。"

前文案例中的学员至少还有一个清晰的目标——实现财富自由，现实中很多人其实是认不清自我的。

你在生活中是否遇过这样的人，他们往往很少对自我进行具体表述。当你问他想吃什么时，他要么说随便，要么说听大家的。当你问他喜欢什么时，他会说不知道。当你问他想做什么样的工作时，他会跟你讲其他人的例子，根本不清楚自己想要什么。

我的一个学员就是这样子。她的语言体系里很少有"我"，只有"我们""他们""大家"，也许是不敢表达自己的意愿，也许是不清楚自己的意愿，或者是其他原因。无论是因为什么，别人都很难了解她到底想要什么。她的自我的概念是缺失的，因为不知道自己想要什么，所以会通过过分讨好他人来获得自我价值感，经常陷入"老好人"或者"墙头草"的尴尬，或者在决策时摇摆不定。

台湾著名的漫画家蔡志忠，在3岁半时花了一年多时间找到了自己人生的方向，那就是画画。他在访谈节目里说，人生最重要的就是知道自己的目标，了解自己的筹码，但是大多数人就像在高速公路上开车，只后悔自己没有比别人开得快，却连自己要去的方向也不知道，然后不知不觉就到了生命的终点。如果能找到一个目标，把它做到极致，那就无敌了。

如果通过对自己认知的不断剖析、反思，并实践新的思维、情绪和行为模式，不需要去刻意获取外部的认可，或盲目追逐外界定义的成功，那么你就可以专心致志地做好自己真正在意的事情，从而踏上人生的捷径。这才是认知破圈的核心价值。

从认知菜鸟到认知高手的四个境界

什么是认知？

经验是对于过往经历的总结归纳，当把这种经验传授给别人时，这种经验对别人来说就是知识。所以，知识是人脑对客观事物的信息沉淀。

技能是人们通过练习而获得的动作方式和系统，例如操作技能中的 PS 技术、木工技术、电工技术、水工技术等，而能力是内化的知识和技能。

“认知”这个词就不那么容易定义了，很多人都聊过认知，但是细细看去，每个人对于认知的定义都是不一样的。为了方便阐述，在本书中，我把“认知”定义为经过处理并内化后的知识及其应用。自我认知，就是已经内化了的关于自己的知识和应用。自我认知上的局限性，就是已经被内化但带有局限性的知识，比如下意识地觉得自己不够好的信念，遇到小事情容易发怒的情绪，或是忽略了前提条件的经验主义。这三种我们可以分别归类到惯性的假设模式（信念体）、惯性的情绪模式（情绪体）和惯性的经验模式（记忆体）。

知识和应用的内化是怎么做到的？我们可以通过下面四个阶段的学习过程了解到。

第一个阶段是无意识无能力，指没有意识到自己不具备某一方面的能力。比如，人际交往中的一个核心能力共情能力，很多人可能没听说过，对这种能力没有意识。而很多人的家庭环境也不具备培养、锻炼共情能力的场景，那么这些人就会处于无意识无能力的状态。

第二个阶段是有意识无能力，指意识到自己不具备某一方面的能力。还是以共情能力为例，一个人听说了共情能力这个概念并且学习了一些相关技巧以后，他对共情能力会有一定的了解，但在他通过不断的练习把共情能力相关的知识和技巧内化之前，他就处于有意识无能力的状态。为什么说没有能力呢？因为能力是指知识和技巧经过内化以后可以较好地使用出来的状态，如果不能自然自发地应用，那么就不能算作具备这种能力。

第三个阶段是有意识有能力，指意识到自己具备某种能力。比如，虽然你具备共情能力，但是你需要有意识地提醒自己去应用这种能力，或者有意识地去分辨哪些情形下适合应用它。

第四个阶段是无意识有能力，指不需要刻意去思考，能够自然而然地运用某种能力。比如，你不仅具备共情能力，还能够自然而然、无意识地在合适的情形里应用它。很多时候我们会听人说某某情商很高，特别容易让人感觉到被理解。其实这就是指这些人处于一种无须刻意为之就能自如地应用共情能力的状态。

根据我们上面的定义，一个人的自我认知是已经内化的关于自我的知识和应用，也就是说，已经处于第四个阶段。所以，如果要改变你的认知，我们就需要从头再来一遍，把新的知识或技能从第一个阶段一步一步走到最后内化的阶段，这样我们就可以突破原有的认知局限，达到认知破圈甚至重塑自我认知的效果。

从第一阶段走到第四阶段，我们需要了解一些基本的原理。第一步是在心态上做好准备，就像前面案例里的那些失败者，其实他们并不是没有分析失败原因的能力，但是过去的失败及其带来的痛苦让他们缺乏对自己诚实的勇气，因而没能分析出导致失败的根本原因。所以接下来我会着重讲一下认知破圈的基本心态，只有心态对了，才能在后续应用技能时如鱼得水。

为什么有些人始终无法从失败中吸取教训？

无论是找出自己的习惯性思维模式、情绪模式和行为模式，还是制定属于自己的成功目标，要清楚了解对自己来说最重要的是什么，都需要具备一种极度坦诚、真实的态度，我把它称为“极度的诚实”，这是认知破圈的基本心态。

为什么说极度的诚实是认知破圈的基本心态？因为没有这种心态，你无法发现或者真正解决自己的问题。在我教授的很多经历了失败的学员中，经历失败次数越多的人，往往越不愿意承认自己犯的错误，而是习惯性地将失败归咎于外在原因，这种对于诚实的缺乏恰恰是导致他们无法再次成功的核心原因。即便外在环境再顺利、条件再好，如果自己内在的核心问题没有解决，依然会面临不好的结果。

不愿意承认自己的不足，并不能帮助你去弥补不足，皇帝的新衣终究有被拆穿的那一天。

极度的诚实包括两个部分：对他人诚实和对自己诚实。对他人诚实是指你在和对方沟通时，有勇气把自己的真实想法在合适的条件下用恰当的方式表达出来，因此它有三个前提：

一是对自己诚实，才能知道自己的真实情况和想法是怎样的。

二是知道什么是合适的条件。

三是知道什么是恰当的方式。

因为本书是讲自我认知的，而第二点和第三点与外部环境以及他人喜好相关，我这里就简单讲一下有助于掌握第二点和第三点的几种方法。

1. 通过亲身经历去总结什么是恰当的条件和方式，这和刻意练习的方法是一致的，这种方法的前提是你有勇气去不断尝试。如果想培养出不断尝试的勇气，你可以对自己的心态做一些调整。卡罗尔·德韦克在《终身成长》一书中提到的成长性思维是一种很好的基础，可供参考。安德斯·艾利克森的《刻意练习》一书给出了成为天才的秘诀，告诉普通人如何通过刻意练习取得非凡成就，这也有助于我们培养敢于不断尝试的勇气。

2. 阅读关于沟通方法论的书籍，通过学习困难情形中的沟通技巧来培养表达真实想法的勇气和自信。科里·帕特森、约瑟夫·格雷尼、罗恩·麦克米兰、艾尔·史威茨勒合著的《关键对话》就是一本讲述相关技巧的佳作。

3. 找到一个具备真实反馈条件的环境做加速练习。在一个大家能够坦诚、真实地及时给出反馈，从而可以不断调整反馈方式的环境里，人们通常可以比外界更快地感知人际互动分寸，并掌握判断人际互动分寸的方法。这就是斯坦福大学商学院“人际互动学”和我的“认知突破班”等相关课程所致力于做到的。

我们会着重讲一下和自我认知息息相关的第一点。要做到第一点，就需要对真实的自我做出精准的分析和如实的判断。它包括了：

对于知识的诚实；

对于信息的诚实；

对于自己经历的诚实；

对于自己能力的诚实；

对于自己需求的诚实；

对于自己情绪的诚实。

对于知识的诚实

能够做到知之为知之、不知为不知，坦然承认自己不懂是很困难的。我虽然在很多领域能承认自己不懂，但若是在自我认知这个我自认为精通的领域里被别人挑战，我依然会有一些情绪反应，需要加以控制才能以平和的心态接受别人的反馈。很多专家型人才通常都会有这样的弱点：在一个领域精通的时间越长，越会认为自己的观点准确无误，越难承认自己不知道，越难放下面子承认自己错了。但是，做不到这些，就很难继续提升自己。

追问法是一种可以帮助你放下面子的方法。这种方法的核心是不断追问自己——如果我承认自己不懂会有什么后果？他人不再那么尊重我？降低对我的评价？不再找我合作？每一种后果都是一种假设，因此需要进行验证。

可以先找一些后果比较轻微的情况去验证。比如和朋友聊到一个话题时，诚实地承认自己不懂，然后问一下朋友是否会因此觉得自己不行。如果你怕对方不够坦诚，那么去和那些愿意坦诚待你的人交流，这样你才能破除各种假设。

为什么破除假设有助于放下面子？这是因为很多时候，令我们担忧畏惧的不仅仅是表达负面观点本身，还包括在表达负面观点过程中表露的情绪。在表达观点之前、之中和之后，我们会有各种各样的担心，我将其称为“情绪的三座山峰”。

第一座山峰，是由于错误的假设而不敢表达负面观点。比如，你的朋友新买了一件外套，问你好不好看，你觉得这件衣服和他的气质实在不搭，但你担心告诉他你的真实看法会让他难过，所以你产生了担忧、焦虑的情绪。“告诉他我的真实看法会让他难过”这个想法，就是一个假设。

其实，要跨过情绪的第一座山峰并不难，我们可以直接表达出内心的感受，在对方回应之后再决定是否表达负面观点。比如，你可以说“关于这件衣服，我想跟你说说内心的真实想法，但怕你感觉不舒服，所以心里有点担忧”。如果对方的回应是没关系，那么情绪的第一座山峰便可以跨过，你的焦虑和担忧就被化解了。

第二座山峰，是表达负面观点时可能表露的情绪。你可能稍带惋惜地说：“我觉得这件衣服和你真的不太搭，衣服太板正了，和你偏随性的气质不一致。”表达过后，这座“惋惜”的情绪小山峰便被跨过了。

第三座山峰，是说出负面观点后担心对方有不好的回应。说完上面那番话后，你担心朋友会不会因此不开心。即便对方表现得无所谓，你依然不确定他心里是不是会对你有看法。要跨过这座山峰，我们只需要做一件事，那就是去询问对方的感受，让所有的情绪安全落地。这时，你可以问：“刚刚我说的，会不会让你感觉不舒服？”

对方可能会说：“没有啊，我很高兴你告诉了我，因为我自己也有点担心。”这时，你可能就跨过第三座情绪山峰了。当然，有时候确认是否有残留情绪的过程会经历好几个来回，我们可能需要通过各种共情技巧来让自己和对方进入一个平静的状态。在对方说出他的情绪及感受，且确保双方都没有情绪残留的情况下，我们就顺利地翻越了情绪的三座山峰，能够安全、恰当地表达负面观点和情绪了。通常这时候，你反而会觉得和对方的关系更亲近了，因为双方顺利地跨过了一个难关。

这个原理不光可以帮助你放下面子，还可以应用在各类负面观点和拒绝的表达之中。只有理解了自己为什么不愿意说的障碍，你才能诚实地表达自己的想法。当你知道如何跨过情绪的三座山峰之后，你会发现，表达负面观点和感受，甚至拒绝别人都变得不再那么困难，你也就不需要再做“老好人”了。

更有意思的是，通常经历了这些后，周围的人可能跟你更加亲近了。毕竟，好的关系并不是一成不变的，而是起起伏伏的。因此，能够真实坦率地表达彼此的想法，即便对话有困难也能顺利解决问题，经历了不好的事却依然在一起，才是牢固关系的标志。也就是说，学会处理情绪的三座山峰，是加强人际关系的重要手段。

而一味维持表面的和谐反而会让人觉得虚假，这就是为什么有些看上去八面玲珑的人并没有那么多关系亲密的朋友，而那些因说话过于直率常常得罪人的人反而会有一群死党。这背后的道理都是相似的。

对于信息的诚实

我们经常会被自己接收到的信息误导。比如有的人以为要是自己考不上好的学校，人生就没有希望了。可是在中国，只有不到10% 的人具备本科学历，剩下的人即便没有本科学历，也依然能够好好地工作和生活。

要梳理清楚自己在接收信息上的滤镜，就需要了解自己可能会忽略什么，可能会轻视什么，可能会过分看重什么。

一方面，你可以去阅读一些描述常见误区的书籍，德国作家罗尔夫·多贝里的《清醒思考的艺术：你最好让别人去犯的 52 种思维错误》就是一本很好的入门书。

但是，别人的误区不一定是你的误区，所以你也可以通过以下几个问题发掘你自己的信息滤镜。

1. 我平时最喜欢和什么样的人聊天？为什么？和不同的人聊天看待事物的视角会很不一样，一方面会影响你看待事物的角度，另一方面也反映出你对哪些视角接纳度更高。

2. 我平时聊天通常喜欢聊什么样的话题？为什么？你是习惯聊人际关系、商业变迁，还是聊兴趣爱好？这些都能反映出你不同的关注点。人们通常对自己熟悉的东西更感兴趣，也更容易接纳，这也意味着人容易忽略不熟悉的东西，这就是一种潜在的盲区。

3. 我平时最讨厌和什么样的人聊天？为什么？事实上，最讨厌的人说出来的话可能反而会是有用的。不时看看你受不了的言论，想想这些言论在哪些情况下是合理的、可信的，也能帮助你拓宽视野。

4. 我对哪些话题特别不感兴趣？为什么？这能帮你找到那些因为不感兴趣而被忽略的信息。

5. 我最容易被哪类人说服？我最容易对哪类人产生好感？

6. 我最讨厌父母说我什么？父母通常是比较了解你的人，你最讨厌他们说的东西，可能就是你不愿意面对的缺点或不足。

你会注意到很多问题是和人相关的，我们的很多信息都是来自他人，因此，我们对于他人的喜好也会影响我们对信息的接受程度。就我本人来说，不喜欢任何涉及高低贵贱的言论。这就意味着，如果我和一个挺有架子的人聊天，我就会先入为主地很难接受他的论点，因而有可能错过重要的信息。

当你梳理完这些问题时，就会有一个自我信息滤镜的简单列表了。有了这么一个列表，你就可以时时提醒自己，诚实地对待接收到的信息。

对于自己经历的诚实

我曾经收到一张名片，上面用极小的字密密麻麻地列有 40 多个职务和职称。老实说，我看到这张名片时挺反感的。

有的人习惯在简历上包装自己，有的人则喜欢在谈天论地时吹嘘自己的经历。时间长了，他们内在的自我就会被变相地放大，从而造成认知上的失调。能够诚实地面对自己的经历，不因为少了个学历而自卑，也不因为有一些成就而沾沾自喜，反而是一种自信的体现。

我曾经和《原则》的作者瑞·达利欧有过一次一对一的深度沟通。他听完我做的事情后给了一个反馈："你并没有打造出非常成功企业的经历。"

我的第一反应是启动防御机制，我不希望别人因为这个而否定我在认知这个领域上的研究，于是我说："你说得对，有些人会有这样的观点。"

而他立刻敏锐地捕捉到了我的抗拒，告诉我说："这就是事实，不是一个观点。"我虽然内心很不情愿，但是基于极度的诚实，不得不承认这的确是一个事实。在我的经历里，我没有把一家企业做到上市或者利润过亿的经历，我应该对自己诚实。

对自己某些经历的不诚实背后是比较复杂的心理机制，如果想更好地认知自我，我们需要对这些不诚实进行深刻的剖析。我见过一些事业做得不错的人，因为没有上过好的学校，特别不愿意承认自己的学历，甚至会花很多的工夫遮盖这一事实，而忽略当下的成功。其中有位女士就因为对自己学历的不自信，几次拒绝了升迁的机会。

如果我们能够解开这一心结，那在后续的人生旅途中就不需要花很多的无效工夫来掩盖事实，可以把精力更好地投入到值得的方向上去。

对于自己经历的诚实需要一个人去尊重事实，不乱添加各种假设、框架和包装。后面我会通过认知的三重限制来深度探究一下我们基于不诚实而加入的假设、限制和条条框框。

对于自己能力的诚实

有些人喜欢夸大自己的能力，有些人喜欢低估自己的能力，有些人则不清楚自己的能力，这三种情况都是对自己能力的不诚实。

曾经有个人兴奋地和我说，他特别善于改变别人的人生，曾经帮助一个人改掉了长期以来咬手指甲的习惯。

我很好奇，问他具体是如何做到的。他说他和这个人聊了好久。

我问："就这样吗？她就这样改掉了二十多年改不掉的习惯吗？"他迟疑了一会儿，不好意思地告诉我他还发起了一个习惯改变群：每个人需要交1000元的押金，每天要打卡，还要求家庭成员辅助监督，改不掉习惯就不退押金。这个姑娘入了群，还让她男朋友监督她。

我问道："为什么你会认为这全是你的功劳呢？如果这个人不想改变，你可以帮助她改变吗？另外，帮她完成改变的全部功劳能都归于你吗？或许是建立的这个群让她感到了外部压力，所以她改变了？或许是押金过高，她很在意这笔钱，所以坚持了下来？又或许是她特别在意男朋友对她的看法，在男朋友的帮助下完成了这个改变？为什么你这么笃定地认为这全是你的能力带来的改变呢？"

他回答不上来。于是我们做了进一步分析，然后发现：原来他的一个核心价值观是成就感，而他的成就感只来自好的结果。在潜意识里，他不太愿意接纳一种情况，那就是自己付出很多努力后，功劳却不属于自己。因此，他会在那件事情上盲目地夸大自己的能力。而同样的模式也在其他情况下出现过，甚至曾导致他在一家公司工作时被很多人讨厌，因为大家觉得他喜欢抢功劳。而他之前一直不太理解为什么大家会这么说，因为当时他还没有意识到自己存在夸大自己能力的模式。

所以，如果你能客观地审查一下自己的各项能力，找到那些你不太愿意诚实面对的方面，也许你就能发现一些底层认知盲区。

对于自己需求的诚实

有时候我们会看到，一个男生明明很喜欢一个女生，却不停地说那个女生的坏话，最终失去了那个女生对他的好感。

很多时候，人际关系的变质缘于对自我需求的不诚实。这种不诚实表现在两个方面，一是不了解自己的需求到底是什么，二是知道自己的需求但是不表达出来，或用其他需求去代替。

我们通常会把自己的不愉快归结到别人身上。比如，有的人会对父母说："我无法拥有亲密关系，都是因为你们以前不让我谈恋爱。"而家长可能对小孩说："你成绩不好让我很难受。"在这两种情况里，第一种是我们期望通过将错误归结到他人身上，而不直接面对我们自己的问题；第二种情况是我们希望通过让对方内疚来改变对方。

无论是哪一种情形，这样的举动既会对另一方造成负面影响，也无助于我们提升对自我的认知，或增进双方的关系。

《非暴力沟通》的作者指出，在学习平衡自我需求和他人需求的过程中，一个人通常会经历三个阶段：

第一个阶段是“他人的奴隶”——认为自己需要满足他人的需求，而把自己的需求放到低优先级。

第二个阶段是“自己的皇帝”——此时，我们优先考虑自己，不去考虑他人的感受和需要。

第三个阶段是“平衡的生活”——我们会了解到，对别人负责不应该是我们的义务，我们的义务是对自己的行为、感受和情绪负责，但我们也不能通过伤害别人或牺牲别人来满足自己的需求。

在这几个阶段，我们的自我认知不一样，因此在别人指责我们时，我们的反应也会不一样。

当有人和你说“我从没见过像你这么自私的人”时，如果我们在第一个阶段，我们就会责怪自己。如果我们在第二个阶段，我们就会习惯性地指责别人。当我们处在第三个阶段时，我们会有以下两种选择。一种是我们能够仔细体会自己的感受和需要：我之所以伤心，是因为我不希望被你认为是自私的，这其实是我特别在乎你的看法的体现。另一种是我们能够换位思考，去体会他人的感受和需要：你会采用这么激烈的表达方式，肯定是因为你的愤怒和难过吧，这可能说明你对我有一定的期望值。

无论是哪种方式，都比怪罪自己、指责别人更容易解决当下所面临的问题。我们也可以看到，这两种方式都要求我们能够分析出自己内心真实的需求，或是能够去感同身受地分析出别人的需求。当你把自己的需求分析出来后，就可以避免用情绪去绑架别人，强迫别人按照你的要求去做，从而找到其他解决问题的方法，而不需要拘泥于责备自己或者别人。

举例来说，下属迟到了，你很生气，对他说："这么重要的会议，你居然迟到了，太让我失望了。"

这句话没有表明你真实的内在需求，可能你的需求是：这种重要的会议，下属应该比我更早到会议室，把一切安排妥当，而不是我来了以后自己亲自动手去安排。我之所以对你有这种期待，是因为你给我的印象是一个靠谱准时的人，会做出额外的努力来帮助上级解决问题。

当你能够说清楚自己的需求以后，你的员工就知道下次该如何改正了。同时，你也可以反省一下自己的期待是否合理，甚至是否有其他的解决方法来满足你的期待。比如，与其让无关的下属来处理这些事情，不如找一个助理专门处理相关事务。当你有更多的选择去解决当下的问题时，就不容易产生情绪了，如此你和别人的关系就会相对融洽很多。

表达清楚自己诉求的另一个好处是让对方更可能给你你想要的，如果你连自己想要什么都表达不清楚，怎么能指望对方给你呢？

但是，把自己想要的表达清楚并不容易，很多时候需要你遵从 SMART 原则，在沟通中提出针对某一具体事物非常具体的要求，这样别人才能知道你的期望值到底在哪里。

所谓 SMART 原则是指——

1. 目标必须是具体的（Specific）。我们可能会经常从老板那里听到"我希望你能更加自信"，这就是一种不明确的需求表达——什么样的表现在老板看来才能算自信，是抬头挺胸地走路、大声说话，还是以更加坚定的语气聊天？你可以和对方沟通一下自信的具体表现，这样你才能知道怎么改进。猜测是容易出错的。

2. 目标必须是可衡量的（Measurable）。比如，你希望老公可以经常回家吃饭，那么需要沟通清楚什么样的频率算“经常”。你可能觉得“经常”是每周一次，而你老公则觉得每个月一次就已经很频繁了，因为他需要出差。不沟通清楚，大家的期待可能就不一样，从而导致后续出现更多纠纷。

3. 目标必须是可以达到的（Attainable）。有人在潜意识里期望自己可以一夜暴富，所以沉迷于买彩票、赌博等，但是会编出一些类似于小赌怡情的借口来欺骗自己。这时候就需要对自己的需求做诚实的披露，然后才会有机会去修正它。

4. 目标必须和其他目标有相关性（Relevant）。有些时候，我们的需求可能会被情绪绑架，从而制造出没有相关性的目标。比如，因为可能会有外国客人来访而老板期望前台要会英文，那么这样的要求是合理的。但如果老板因为看到公司其他人员学历比较高，就要求前台需要具备硕士学历，而其实前台并不需要这样的学历就能完成工作，那么这个目标的相关性就比较弱了。

5. 目标需要具备明确的截止日期（Time-bound）。有时候我们的内在需求是有时效性的，比如，母亲希望孩子在考试前不要玩游戏，但是如果不明确说出来，那么孩子可能没法理解母亲的这种要求，以为考试前只要完成作业就可以玩游戏。

即便有了 SMART 原则，很多人依然不习惯清晰地和别人沟通自身需求。

在亲密关系里，有些女生不会主动告知男生自己的需求到底是什么，而是特别希望男生能猜出自己的需求。如果男生猜不到，她就会觉得对方不理解她。抛开导致这些女生产生这种行为的外在影响和内在信念，这也可能是她们对自己的需求并不了解的一种体现。也许她想要的，并不是对方能够猜到具体哪件事情，而是找到灵魂伴侣的独特感，或是被人完全理解的温馨感，从而不那么孤独。如果是这种情况，那么更能够直接解决长期问题的方法，不是要求对方成为读心术的大师，而是去深度挖掘自己的孤独感，或是探究自己对于温馨感和独特性的需求来源于哪里，有没有其他方法可以满足。这样才不至于因把内在匮乏带入到亲密关系中而引发更多的纠纷和不快。

换句话说，你自己需要对自己的成长负责，而不是把责任推卸到别人身上。在后面的章节里，我会讲一下有助于消除内在匮乏感的方法。

对于自己情绪的诚实

有情绪时，能够去深究其产生的原因，而不是一味地逃避，是一种诚实。有情绪时，不把情绪作为不处理问题的借口，也是一种诚实。

我们会在“认知破圈三步骤”和“摆脱你的情绪体（破圈法则一）”里对第一种诚实做更多的分析，这里不再多说。

经历过极度痛苦和负面情绪的人很容易出现把情绪作为不处理问题的借口的情况。我当年抑郁时，也有一阵子对自己的情绪不诚实。我迟迟没有从抑郁中恢复过来，背后有一个原因是我不想走出来，我没有勇气走出来。

因为沉迷于负面情绪的时间长了，这种负面情绪就变成了一种舒适区，抑郁成为我不用做任何事情，也不用管任何事情的最好借口。通常周围的人也很难戳穿这种借口，因为他们担心这会造成更严重的后果。所以在这种情况下，你更需要对自己诚实，狠下心来把自己推出舒适区去解决问题，而不是让情绪成为你的替罪羊。我当时就强迫自己回到了可能会诱发抑郁情绪的场景里，去逐步提升自己对那些场景的心理承受能力，慢慢弱化负面情绪，最终从抑郁中走了出来。

极度的诚实是我们下面要讲述的认知突破的三个步骤和三个原则背后的驱动力。没有它，一个人很难在日常生活中持续不断地提升自己的认知层次，因为如果你做不到对自己诚实、对他人诚实，那么对这些虚假的现象进行再多分析，得出来的依然会是不靠谱的结论。

极度的诚实其实是一种对自己负责的态度，只有对自己持续抱持这种态度，才能够不断地做到自我认知的破圈。

你以为的自我其实是被操纵的傀儡

如果从极度的诚实的角度来看待我们日常生活的种种行为，那么很多人在绝大多数情况下都是傀儡，并没有真正地活出自我。我也不能幸免。

之所以这么说，是因为我们无时无刻不在受到以下三方面的操纵：情绪、记忆和错误的信念。在它们的操控下，我们的真实自我被埋没在海平面之下，露出来的只是一座被涂上不一样颜色的冰山。

比如，我的一个朋友有路怒症，每次有人超他的车，他就会很不开心，甚至会做出追尾的举动。如果你只看到他开车时的样子，会认为他是一个情绪暴躁的人。可是他其实是个开朗大方、特别容易让人接近的人，文化素养也很高。但是遇到别人超车，他就变成了另一个人，这是因为他的情绪完全控制了他，好像跟他成了一体。这就是情绪体的体现。

同样，我的老师曾经辅导过一位中年妇女：她年轻时失去了自己的爱人，从此对新的亲密关系失去了兴趣，陷入了对故去爱人的狂热追忆之中，直到参加了家庭排序的心理治疗后她才解开了对过去回忆的心结。这就是一个人可以被自己记忆掌控的案例。

有一位身高 1.5 米的女孩，认为只有自己身高达到 1.6 米以上才会被人喜欢，因此陷入了极度的自卑和苦恼，即便有男生向她表达爱意，她也认为别人只是同情她。在这个案例中，女孩对自己的错误信念牢牢攫取了她的心，让她再也看不到其他可能性。

在上述几个案例里，每个人都在特定情况下分别被激烈的情绪、难忘的记忆和错误的信念控制，好像这些情绪、记忆和信念反而成为自己身体和思想的主人，所以我把它们分别命名为情绪体、记忆体和信念体，合称为“认知限制三兄弟”，来代表它们掌控了我们心智的状态，如下图所示。

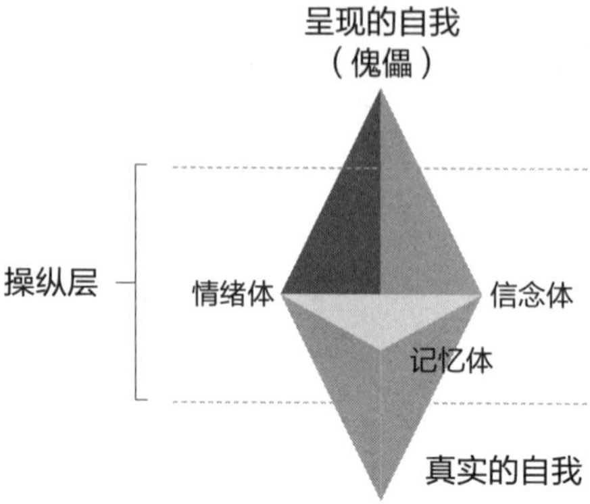

当我们被“认知限制三兄弟”操纵时，就很难认识到真实自我的需求，或者活出真实的自我了。让我们来具体看一下关于这三种认知限制的描述吧。

情绪体（惯性情绪模式）

春秋时期，宋国大将华元在迎战郑国的前一晚分羊肉汤给众位将士，唯独忘了自己的车夫，车夫怀恨在心。第二天，华元在打仗时，车夫却驾车载着华元往郑军那里走，结果宋国大将就这么被郑军俘获了。

这名车夫就是典型的被情绪体操控的对象，从而背上了不忠不义的罪名。

当你发火时，你的身体就充满了愤怒的情绪，成为愤怒的情绪体，当你担忧、害怕、激动、欣喜时也一样。我们可以回忆一下，有多少次我们会后悔自己在冲动之下做出的行为或是决定，这些所谓的冲动就是我们由情绪支配导致的。这里的情绪不分好坏，即便是看起来正向的情绪也可能令人做出一些冲动的举动。当年因为爱而盲目追星，导致父亲被迫跳海的杨丽娟就是一个典型的案例。

怎么了解自己的情绪体呢？不妨问一下自己：我最容易表达的是什么情绪？我最不擅长表达的是什么情绪？

你最容易表达的情绪通常也是你最常出现的情绪。从另一个角度来说,这个情绪也最容易操控你。很多人在这时会更关注负面情绪，因为大家都知道负面情绪容易给人带来一些不好的影响，但是正向的情绪同样也有可能造成不好的结果。我有一个朋友在北京好不容易抽中了车牌，兴冲冲地离开家就去车管所办理执照，却忘记检查房门是否关好，结果回到家发现家里被盗了。任何事物都有正反面：负向的情绪容易让人变得更加谨慎，而正向的情绪则更容易让人麻痹大意。

而你最不擅长表达的情绪也有可能操纵你。比如，有的人即便自己做错了，还是不愿意表达对他人的歉意。在这种情况下，他们通常会通过找借口等方式来逃避，反而容易造成人际关系的进一步恶化。而这些行为，其实是为了逃避表达自己不善于流露的情绪。

要做到不被情绪体操控，需要在以下四个方面有所提升。

情绪察觉:观察情绪时时刻刻的变化,能够识别某种情绪的出现。

情绪调控：调控自己的情绪，使它能在恰当的时机以恰当的程度表现出来。

情绪感知：能够通过细微的信号敏感地感受到他人的需求、欲望和情绪，这是与他人正常交往、实现顺利沟通的基础。在这方面比较高阶的能力，就是我们现在经常听到的“共情能力”。

情绪处理：处理他人情绪反应的技巧。

前面两类都和自我认知相关，后面两类则是和他人认知相关。在现实中，很多人在操作前三个方面时都会遇到不同程度的困难。有的人是无法识别内心的情绪和感受，有的人是能识别但无法表达，还有的人是能够表达但无法进行有效控制。

如果人体是一台计算机，有的人是内在的 CPU（中央处理器）无法处理相关的信息，因此无法识别内心的情绪和感受；有的人是把情绪感受存储在 RAM（内存）里，但是无法调动它们显示在显示屏上，因此展现不出情绪；还有的人能够处理信息，也能够将其显示在显示屏上，但只能显示一个黑屏或者是白屏（极度的情绪），这种极端的表达方式会让外人不知道如何处理。即便是能够感受不同情绪，甚至能够将其充分表达出来的人，也很容易在情绪的主导下失控，或者陷入低迷的情绪无法走出来。

因此，在“摆脱你的情绪体（破圈法则一）”里，我会把这四种情况的解决方法分享给大家。

记忆体（惯性经验模式）

巴菲特在其著名演讲《格雷厄姆－多德都市的超级投资者们》（*The Super-investors of Graham-and-Doddsville*）中举过这样的案例：

请各位假想一场全国性的抛硬币大赛。让我们假定，全美国的 2.25 亿人，在明天早晨起床时都掷一枚硬币，并猜硬币是正面向上还是反面向上。猜对者将从猜错者的手中赢得 1 美元，而猜错者则被淘汰。

每天都会有猜错者遭到淘汰，奖金则不断地累积。经过 10 个早晨的 10 次投掷之后，全美国大约有 22 万人会连续 10 次猜对抛硬币的结果，每人所赢得的资金有 1000 多美元。

现在，这群人可能会开始炫耀自己的战绩，这是人的天性使然。即使他们仍能保持谦虚，但在鸡尾酒会中，他们偶尔会用这个故事来吸引异性的注意，并炫耀他们对抛硬币的奇特洞察力。

游戏继续进行，再经过 10 天，大约会有 215 人连续 20 次猜对抛硬币的结果，并且每个人赢得大约 100 万美元的奖金。输家总共付出 2.25 亿美元，赢家则得到 2.25 亿美元。

这时候，这群赢家会完全沉迷在自己的成就中——他们可能开始著书立说："我如何每天早晨工作 30 秒，并在 20 天之内将 1 美元变成 100 万美元。"更糟的是，他们可能会在全国各地办培训班，宣传如何有效地抛硬币。

对那些持怀疑态度的人，他们会反驳说："如果你认为这是巧合，该如何解释我们这 215 个人的成绩呢？"

但是，某些商学院的教授可能会指出一个事实——假如让 2.25 亿只猩猩参加这场比赛，结果可能也是一样的——会有 215 只猩猩连续赢 20 次。

这个故事说明了什么？

我们对于过往事件的解读带有极强的主观性。我们甚至可能会扭曲因果关系，从而形成错误的结论，并把这种错误的结论记在脑海里。当新的情况出现时，我们就会调动这些记忆来重复验证自己，就好像那些开班教授如何有效地抛硬币的人一样，每一次讲课都是对过往记忆的进一步强化。慢慢地，这些记忆变成了我们经验的一部分，让我们习惯于在特定的外在刺激下调动同样的记忆来寻找处理事情的方法，很多人就习惯于从过往的经验中寻找答案。如果我们对当下的情形不加分辨地按照固定模式去做时，我们就会受到记忆体的操控，从而可能犯下经验主义的错误。

我曾经听到这样的广告词：我们找的是这个领域非常成功的专家，他们的经验和认知在该领域必定是最好的，因此听他们的课能让你的认知能力得到提升。

我觉得这个说法很有误导性。

一是没有考虑时间的流动性：过去在该领域最好的经验和认知，不代表在今天和未来仍然是最好的。过去军队使用弓箭就能同其他国家的军队作战，而现在只有用核武器和航空母舰才能达到限制和制约其他国家的作用。

二是成功很多时候具有偶然性：一个人能够成功，不代表他的经验和认知就是这个领域里最好的。他的成功可能得益于很多外在的因素，比如“风口”，比如别人的帮助等。

当我们不去具体分析当时成功经验背后的条件是什么，不区别前提条件地应用经验时，就容易遭遇失败。

三是经验论具备非普遍性：在某几个案例上成立，不代表就是普遍真理。举个例子，如果请你说出《寄生虫》得奥斯卡奖的原因，很多人会举出诸如体现了社会矛盾、制作精良、剪辑给力等，但是同样具有这些特质的亚洲电影也有不少，为什么只有《寄生虫》得奖了呢？

通俗点说，经验主义容易以偏概全：一个男人是渣男，不表示所有男人都是渣男。我之前在一个问答网站看到有人问：小学老师、护士和律师是不是三种不应该谈恋爱的人群？很多人都是举自己的个例，但是有人和护士谈恋爱的结局不好，不表示所有人和护士谈恋爱的结局都不好。

那么，为什么大家还非常推崇经验论呢？

第一种可能是经验的便利性：这是一种极其直观、容易上手的思维方式。很多人都能通过自己亲身经历的少数事件得出某些结论。虽然样本有局限性，但是有结论总比没有结论好。而其他思维模式可能就要求较高的思考能力，比如与归纳法对应的演绎法。很多人想学习多元化的思维方式，但觉得很困难，于是就又回到了以经验论办事的模式。

如何提升你思考的能力呢？我会在“如何做到透彻的思考，直击问题的本质？”里做更进一步的探讨。

第二个导致经验论盛行的原因是幸存者偏差。举例来说，大众媒体的报道会加深经验论有用的印象，你很容易在媒体上看到对于采用过去的经验而获得成功的人的报道，而基本上看不到对于采用过去的经验却没有获得成功的人的报道。在这种情况下，很多人就会认为经验论是有用的。

所以，记忆体通过经验主义来操控我们，这是对过往事件不准确或片面的解读和存档，在“扭转你的记忆体（破圈法则二）”里，我会讲一下突破记忆体的方法。

信念体（惯性假设模式）

美国研究员珍妮弗·普法伊费尔曾经对一些青少年做过研究，要求他们汇报对自己类似于“我认为自己很聪明”这样的直接评价，以及别人给予他们的反馈，类似于“我的朋友们认为我很聪明”的评价。

她的研究结果证实，不管是青少年还是成年人，要求反馈性评价这一举动都能够激活当事人的心智解读系统。心智解读系统通常与他人表达的看法有直接联系。也就是说，即便你问一个青少年他对自己是怎么看的，他也会不由自主地联想到别人对他的看法，在回答问题的过程中不知不觉就会引入他人的看法。

这项研究支持了一个论点：外部信息在自我意识和自我认知的建构过程中发挥了至关重要的作用。在这项研究中，无论是汇报自己对自己的评价，还是汇报别人对自己的评价，内侧前额叶皮层都会被激活。而在其他科学家做的一系列关于自我反省的实验中，94%的实验都观察到了内侧前额叶皮层被激活的情况，这也是唯一一个当我们思考“我们是谁”这个问题时出现密切相关反应的脑区。也就是说，内侧前额叶皮层在这里和心智解读系统是一致的，都把他人对自己的评价当成了自己对自己的看法。而这些看法，天长日久累积下来，就会形成我们对自己的信念。

如果我们成长了，但是没有接收到外界新的反馈去改变我们的信念，那么我们就会受到这些旧有信念体的限制。“我不善于社交”“我不够聪明”“我做不来这种事”“我学习不好”等很多人经常说的话，就是一种自我限制的信念体的体现。不善于社交可以去练习，不够聪明可以以勤补拙，以前做不来不代表现在也做不来，学习不好可以去寻找更恰当的学习方式。很多人没有成长，是因为这些信念体已经牢牢把控了他们的心智，成为他们逃避的借口了。

北京某大学一名大三学生在朋友圈留下一纸遗书后，选择了跳楼。他在遗书里说："二十年来我坚信做题是唯一出人头地的途径，我因此放弃了其他的方向，使得做题成为我唯一而且是最为突出的优势，并且相信这是唯一的正途。"

他已经将"做题"视为人生信念，而当他发现社会远比做题复杂时，他的信念体导致他内心崩塌，致使他最后选择了轻生。

还有一种常见的信念体是把假设和猜测当作事实来看。你看到一个同事从你身边走过，但是他并没跟你打招呼，于是你的第一反应是他不尊重你，然后联想到上周你和他因为对一个项目的不同意见还起了点小纠纷，而如今他又展现了这种不尊重的态度，也许他以后还会搞事情。你的信念是先下手为强，于是你决定在下周的会议上先去打击他一下。

在这里，你认为别人没和你打招呼就代表不尊重你。这其实是一个假设，而基于这个假设，记忆体也来插了一手，让你迅速回忆起过去不愉快的经历，随后你就做出了一系列针对对方的行动了。但是，别人没和你打招呼可能是因为他忘记戴隐形眼镜而看不清周围的环境，也可能是他忙着想事情没注意周围的情况。事情发生的原因有很多，而信念体则会让你以一种惯性模式很自然地跳到一种假设上，虽然这简化了大脑的处理工作，但是在很多情况下反而会导致不好的结果。

因此，我们会在"击穿你的信念体（破圈法则三）"里，通过对整体切分法的应用来帮助你破除内在错误的信念和假设，从而避免过激的反应和因此带来的不良后果。

三种认知限制之间的关系是怎样的

娟娟早上出门忘记带伞了，结果被大雨淋湿了，她很不开心。这时同事开了个玩笑，她不开心的情绪让她把这个玩笑当真了，认为同事不尊重她。于是，大脑就储存了同事不尊重她的印象，并且可能在未来不断地被她回忆起来。

每当一件让我们不快的事情发生时，我们都有可能产生情绪，而这些情绪很有可能会导致我们从片面的角度去解读这件事情，从而形成错误的记忆存入大脑。也就是说，情绪体可能会导致记忆体的形成。

如果说记忆体是基于对过去一件又一件事情和一段又一段经历的片面解读及对这种故事解读的存档而形成的惯性经验模式，那么信念体很多时候就是对各种体验（记忆体）做了高度抽象概括而形成的信念和假设。

比如“我不够聪明”这个信念，可能之前在多起事件中，我认为导致这些不好结果的原因是我不够聪明，或者别人直接给予了这样的评价后，我把它当成了对自我的正确评价，从而得出“我不够聪明”这个结论。当我们有这样一个结论后，我们也没有再去挑战它，就放任它来主导我们的思维模式了。

情绪体可以塑造记忆体，记忆体抽象概括形成信念体，而信念体也可能会诱发情绪体。如果一个孩子形成了“我就是学不会数学”的信念体，那么当他遇到一些数学难题时可能就容易产生沮丧、哭闹甚至放弃等情绪，次数多了，他就可能形成一遇到数学难题就哭的习惯性情绪模式。

因此，这三种认知限制之间的关系可以用下图表示：

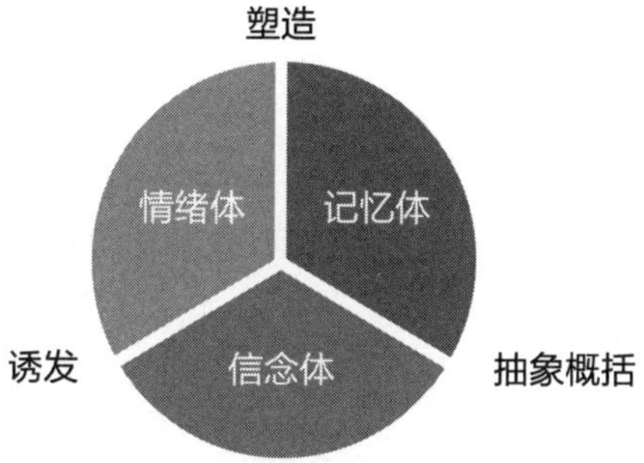

我们可以看到，在这三种认知限制的相互作用之下，我们会被情绪、信念和假设、记忆和经验裹挟得越来越严重，我们真实的自我就很难呈现出来。而“认知限制三兄弟”也分别对应了我们的三类习惯性模式——

情绪体：习惯性情绪模式；

记忆体：习惯性经验模式（行为模式）；

信念体：习惯性假设模式。

如果我们希望真正地了解自我、提升认知，我们就必须突破“认知限制三兄弟”对我们的掌控。在下一章里，我会讲一下打破认知限制的三个步骤——深刻的体验、透彻的思考和持续的实践。

小结

1. 认知的相关定义：

经验是对于过往经历的总结归纳，但如果你把经验传给别人，这时经验对别人来说就是知识。所以，知识是人脑对客观事物的信息沉淀。

技能是人们通过练习而获得的动作方式和系统，而能力是内化的知识和技能。

认知是经过处理并内化后的知识及其应用。自我认知，就是已经内化了的关于自己的知识。

2. 认知提升的四个阶段：

3. 何谓极度的诚实：

对于知识的诚实；

对于信息的诚实；

对于自己经历的诚实；

对于自己能力的诚实；

对于自己需求的诚实；

对于自己情绪的诚实。

4. 情绪的三座山峰：

表达观点前的情绪；

表达观点时的情绪；

表达观点后的情绪。

5.SMART 原则：

遵从 SMART 原则，在沟通中提出针对某一具体事情的具体要求，这样别人才知道你的期望是什么。

6. 认知的三重限制（认知限制三兄弟）：

情绪体（惯性情绪模式）；

记忆体（惯性经验模式）；

信念体（惯性假设模式）。

情绪体可以塑造记忆体，记忆体抽象概括形成信念体，而信念体也可能会诱发情绪体。

7. 经验主义的问题：

经验主义具备非普遍性，容易以偏概全，比如在个体层面上能成立的，在集体层面上不一定能成立，或者在另一个体上可能就不成立。

经验主义没有考虑到时间的流动性，过去是这样，未来不一定也会这样。

2

认知破圈三步骤

要摆脱浑浑噩噩，你需要深刻的体验

深刻的体验、透彻的思考和持续的实践是打破认知限制的三个步骤。我们通过不断的体验、思考和实践，形成一个正向循环。这个正向循环可以帮助我们用崭新的认知模式去替代旧有的认知模式，经历认知提升的四个阶段,从“无意识无能力”变成“无意识有能力”的高手，打破三重认知限制形成的怪圈。

这三个步骤中的每一步都能帮助你提升到认知的下一个阶段。

我们先来看一下如何从“无意识无能力”阶段提升到“有意识无能力”阶段。实现这种提升，我们需要深刻的体验。

从无意识变为有意识，我们需要对当下的状态有一个合理而准确的评估，从自我认知的角度来讲，就是要知道我们当下的认知是什么样的，当下我们有哪些认知局限、盲点和误区。

如何做到这一点呢？我们需要从以下三个方面来确保我们的体验是深刻的。

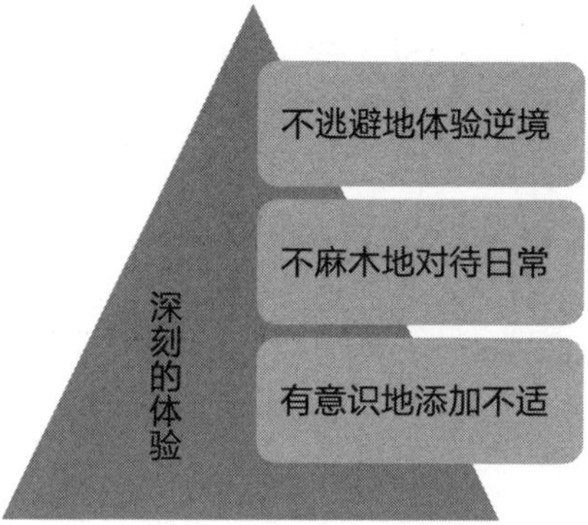

不逃避地体验逆境

在日常生活中，一个人不会时时刻刻地想着如何去提升认知或者发现自己的盲区，因为那样会很辛苦。一般人通常都是遇到困境或是失败后，才会想到去挖掘认知方面的问题。

我的一个学员经营着一家非常大的公司，正在准备上市。公司需要开拓一个海外市场，于是他便安排很信任的销售副总监去负责这个事情。结果花了好几个月时间，不仅海外市场没有开拓出来，还赔了不少钱。这件事对他打击很大，虽然平时他不太愿意去请教别人，这次却为这件事情找到了我。我帮他做了一些分析，发现他在用人时有一个很大的盲区，就是会因为一个人某一方面的特长而以偏概全地相信这个人能应对任何情况。那个负责海外业务的销售副总监从来没有出过国，也不懂英文，而且在接受开拓海外市场的任务以后，居然都没有亲自去海外考察一下。从很多层面上来看，这个销售副总监都不是开拓海外市场的最佳人选，但是 CEO 却因为他在开拓国内销售市场方面的突出能力，就相信他在开拓海外市场时也可以有所作为,这就是能力信任的盲区。如果没有这么大的教训，这名 CEO 也不会来找外人分析，从而发现自己的盲区并反思自己的用人哲学了。

一个人的至暗时刻是非常重要的深刻体验，如果抓住这些时刻进行深度分析，我们通常都能发掘出在某一个特定方面自我认知的问题，从对这个问题的无意识状态变得有意识，这就是认知上的一个突破。

就像我们在前面提到的，绝大部分人在面对失败或者逆境时很容易被情绪体操控，很难自行做出深度的剖析。因此，除了要具备极度诚实的心态，我会在后面具体讲一下摆脱情绪体的方法，来帮助大家从这些外部的挫折和失败中获益。

此外，深刻的体验还包含另外两层含义：不麻木的感受和适当的不舒适。

不麻木地对待日常

不麻木是指带着感受去体验生活中的事件。说到感受，很多人会觉得这很稀松平常：我看个电影会有感受，我和朋友谈个心也会有感受，有什么大不了的呢？

我以前也是这么认为的，直到我参加了一个禅修营。禅修营里有个任务是用木铲把粥桶里残留的米粒和粥渍全部刮出来，不能有任何浪费。我一开始很抗拒，觉得这件事太小也太无聊了，于是在刮桶时我就一直在想别的事情，但这样子就刮不干净，还被老师说了。惭愧之余，我沉下心来不再想其他事情，开始用木铲一遍又一遍地刮。慢慢地，我发现这种重复性劳动也有美妙的地方，我的心随着手的一次又一次圆周运动沉静下来，竟然进入了一个非常享受的状态。

后来，我学会了即便在洗碗时也去感知这个活动和过程，感受水从指缝间流过的清凉，感受洗洁精泡沫的细腻，感受碗从油腻变得洁净的过程。这样，原本似乎枯燥无味的生活小事也变得生动而有色彩了。

《禅的初心》一书把禅宗修行分成四类，最低层次的修行是既没有思想也没有好奇心。

这也是很多人对待日常事情的态度：不思考，不专注，得过且过，完成了就好。

但禅的意境，是对生活中一点一滴的小事无我的专注，走就是走，坐就是坐，立就是立。

《摩诃婆罗多》体现了吠檀多哲学的最高目标，其核心含义是：没有责任是丑陋的，没有责任是不洁的。也就是说，生活中的每一件事都值得你认真去对待。

很多人觉得，这些都跟哲学或宗教有关，跟我们的日常生活没有什么关系。就日常行为来说，一个麻木的人和一个不麻木的人，所能感知到的生活的精微程度是不一样的，不麻木的人更容易在生活中的很多场景中发现自我成长的契机。

想象一个场景：你正在图书馆里安静地看书，这时，旁边一个人开始大声打电话，周围没有其他人，所以没有人制止他。你等了他一会儿，发现他还在打电话，你有点不耐烦了。这时，你可以麻木地对待这件事，戴个耳机或者换个地方就过去了。但是，如果你想突破自己的认知，你也可以不麻木地对待这件事。

不麻木地对待这件事有几种可能的方式。一种是仔细分析自己的情绪产生于哪里，是因为这个人打扰到你，还是因为这个人违反了公共秩序，或是因为他让你想到了一个自己很讨厌的人，又或者是其他原因。如果是因为这个人打扰到了你，那么你倾向的回应模式是去跟那个人交涉，还是逃避跟那个人起冲突的可能性？这种回应模式会有哪些问题？在哪些场景下适合，在哪些场景下不适合？

每一种你倾向的回应模式，其实都是你惯性行为模式或者惯性思维模式的一种体现。也就是说，你通过对于自己这个小小情绪的分析，就能看到自己的一些潜在模式，从而把这些模式从没有被意识到的状态（无意识）变成被你意识到的状态（有意识）。这就是一种认知上的提升了。

另一种方式是，当你对自我为什么产生情绪有比较明确的了解后，你就可以采取相关的行动。你可以礼貌地去请他打电话的声音小一点，或者提醒他，这里是图书馆，请他出去打电话。当然，你也可以自己忍着做出妥协。而这个行为背后，其实反映的是你在人际交往中的模式，而对人际交往模式的发掘也是一种自我认知的提升。

同样是做饭，有的人会认为是完成任务，有的人会认为是一种兴趣爱好，还有的人会认为是一种学习成长的机会。第一种人会不喜欢做饭，第二种人会很享受做饭，第三种人可能会不断地思考如何把饭做得更好吃，甚至无意中变成了大厨。结果是，可能只有后面两种人会觉得做饭的时间没有虚度，甚至能在其中获得技能的提升。

你的关注点决定了你能看到什么，感知到什么，但同时也限制了你能看到的事物。

在《看不见的大猩猩》一书里，心理学学者克里斯托弗·查布里斯描述了一个“无意盲视”现象。他请一帮哈佛大学的学生观看一个视频，要求他们数一下视频里的篮球队员传了多少次球。但是在视频结束后，他们却被问道：“谁看到了画面中的大猩猩？”原来，当这些学生只专注于传球数时，完全忽视了视频放到一半时，视频里有人扮成大猩猩在篮球队中待了好一会儿。

当你没有充分关注生活时，你可能会在早上起床后急匆匆地出门，然后发现当天是周末，不用上班；也可能会一边烧饭一边玩手机，结果菜烧煳了。有些人则遇到了更严重的后果。我的一个学员好几年都沉浸在创业的不顺利之中，在他的视野里只有创业，没有其他，他觉得创业是他人生的全部。他来上我的课也是因为想复盘一下创业失败的原因。在课上，我请他去体会内在更细腻的感受并做出分析，当他的感知被打开后，他才发现生活中存在更大的危机：因为这几年他眼中只有创业，完全忽略了孩子，导致孩子出现了自闭倾向。

当你内心只有一个目标时，好处是你会非常专注，也会有基于这个目标的深刻体验，但坏处是你容易忽略和不重视其他和这个目标无关的事情。而在人生的长河里，这些事情可能是更重要的。

不麻木地对待日常可以帮助你解开对于单一目标的执着，去体会生活中的多个方面，学会在日常生活中不断地提升认知。毕竟，我们都不希望遇到真正的失败和逆境，如果能通过日常生活来提升认知、发掘自己的盲点，从而避开可能造成失败的误区，那不是更好吗？

有意识地添加不适

适当地让自己有一些不舒服的体验，也是深刻的体验的一种。这种主动追求不适感的行为有三种好处：

1. 帮助你增强意志力和适应能力，增加自信。

舒适的环境固然好，但是时间长了，人容易丧失一部分适应性。就好像习惯于睡舒适床垫的人，一旦换成了木板床，就可能失眠。但是，在生活中，一个人不可能永远一帆风顺。既然逆境是逃脱不掉的，人生中的起起伏伏是不可避免的，那么在一个比较安全的环境里尝试着让自己适应一些不舒服的情形就是一种危机演练。这样，即使外部环境变了，你也能吃得了这些苦。在日本，小孩子会被要求在雪地里进行“耐寒”训练，目的是训练小孩子的意志力，同时也让小孩子的体魄得到锻炼，其动机和这个原理是类似的。

当你看到自己能够在这些苦难中坚持下来时，你对自己克服困难的信心会大幅提升。很多人对于未来有很强的焦虑感，是因为他还不具备遇到苦难自己能坚持下去的信心。一个在艰苦条件下生活过的人，再次碰到类似的苦难，大概率不会像从来没有经历过的人那样容易惊慌失措，而是会比较有信心地去应对。

在褚时健的自传里，他描述了他和他的亲戚经历抗日战争和解放战争的故事。当时的情况很危险，流弹过来后一个人瞬间就没命了，他的一个亲戚正是这样丧命的。所以褚时健认为，他后面碰到的各种大风大浪都比不上当年在战争时期的那种苦难，那段经历给了他强大的意志力和充沛的自信，让他后来能够在人生大起大落时依然保持乐观，并在 70 多岁高龄毅然决定种橙子，走一条很多人觉得漫长而辛苦的道路。

有时候，帮助自己建立自信的方法，就是回顾自己以前是如何从痛苦和挫折中走出来的。虽然有时候回顾过去的痛苦会让你感到有些不适，但是这背后隐藏的力量却能让你生出面对未来不确定性的勇气。

2. 更好地珍惜和享受美好的事物。

炎炎夏日，当你在外面待了一段时间，突然进了开着空调的房间时，你就会觉得特别惬意。同样地，如果你因为做手术而不能正常进食，喝了一两个月粥后再次去餐馆品尝各种食物，你会惊叹于这些食物的美味。适当的不舒服可以帮助我们拉低感知的阈值，从而重新获得对原本习以为常的事物的欣赏能力。

有个朋友的弟弟，从小家庭特别富裕，锦衣玉食造成他感知的阈值很高，对很多事物都提不起兴趣。后来他被迫参加了军训。那段经历让他改变了很多，回到家后看到平时吃腻的牛排、有空调的房间、宽敞的大床，就生出极大的幸福感和满足感。

人只有失去了才能体会到事物的重要性。适当地让自己体会下失去一些东西后的感知，会提升你当下的满足感，这也是一种不花钱就能提高生活质量的方式。

3. 产生深刻的洞见。

那些最让人痛苦的体验，往往是诱发人们思考和创作的来源。俄国文学是当代世界文学中一颗璀璨的明珠，而俄国著名作家如列夫·托尔斯泰、屠格涅夫、陀思妥耶夫斯基等都是在19世纪俄国最苦难的那段时期出现的。陀思妥耶夫斯基那句广为流传的话是："我只担心一件事：我怕我配不上自己所受的苦难！"中国的很多作家也是在历经苦难后才创作了很多好的作品，余华、史铁生等优秀作家的作品里都饱含着从苦难中凝结出的精神。

对于一般人来说，让人痛苦的体验往往也是他们反思自我、产生洞见的契机。之前那位因为销售副总监的失败而开始反思自己用人方式的CEO，其行为正是基于被动痛苦后的觉察。在平时，我们也可以主动给自己增加一些"痛苦"来产生洞见。

我的一位朋友有一个与众不同的习惯：当他发现有人不喜欢他时，他反而会刻意去找这个人聊天，深入地了解这个人不喜欢他的原因，而这些原因就会成为他自我进步的动力和方向。时间长了，当对方发现一个自己不喜欢的人居然会诚恳地听取自己的意见不断地进步，也会逐渐佩服这个人，于是原先的敌人反而就可能成为朋友。

有时候，重新回顾过去一段深刻的体验，也可以帮助你解开一些信念体或者记忆体对你的束缚。

曾经有个30岁的女性因为是否需要换工作这个问题而极度焦虑，来找我咨询。我发现她焦虑的背后是担心换了工作以后，自己的职业道路会越走越窄。我请她回顾了一下自己过去的痛苦经历，发现曾经有个阶段，她父母都得了比较严重的病，她放下国内名校毕业生的身段去摆地摊，同时做着自己的全职工作，在两年多的时间里把家里欠的 100 多万还清了。

于是我问她："你觉得你换工作后，会遭遇比欠下 100 万，需要你再次出去摆地摊更糟糕的情况吗？"

她想了想说："再差也不可能到这个地步。"

我说："既然那么艰苦的时刻你都熬过来了，你对自己未来处理困难的能力也应该有信心才是。"

她点了点头，不好意思地说："可能是这段经历比较痛苦，所以一般我都不会想起来，也自然没有从中汲取力量了。"

所谓深刻的体验，其实就是抓住生活给你的每一段经历去成长：

在遇到困难时不逃避，敢于面对它、分析它，从而了解自己的盲点和误区。

在日常生活中，不麻木地去对待点点滴滴，而是从小事中也能有所体悟，这样才可以持续不断地提升自己的状态。

在工作和生活过于舒适或顺利时，不妨有意识地给自己增加点挑战，测试一下自己当下状态的灵活性和适应性。

关于深刻体验的练习

以下两个练习可以帮助你更好地获取深刻的体验。

练习一：洞察力

这个练习锻炼的其实是洞察力。你可以借助任何一张照片、世界名画或你看到的任何情形来做这个练习。

请你先花一分钟看一下这张照片，然后描述一下你看到了什么。

图片来源：Christina Morillo/pexels.com

通常人们可能会数一下有多少人，会注意到这些人都是同一性别、肤色类似，还可能会注意到桌上的一些文具。

然后请你再花三分钟仔细看一下这张照片，这时你可能会注意到更多细节，比如每个人的发型、彼此间眼神的交流、手势和身体姿势等。

请你花五分钟对这张照片提出一些问题，比如，为什么这些人会在这里？她们是工作伙伴还是客户与商家？谁是领导人？她们有可能在讨论些什么？

你会发现，虽然只是一张简单的照片，但随着你花在上面的时间的增多，你能够发现的细节会越来越多。你甚至可以像福尔摩斯一样，通过不同的线索来推理出很多别人看不出来的东西。这种层层递进的感知能力和分析能力就是深刻体验的能力。

练习二：发现生活中的小确幸

请举出一件你平时不是那么享受的小事，比如做饭、洗碗、浇水等。当你再次去做这件事时，请不要带着原先的固有判断，觉得这件事就是一个不得不完成的任务，枯燥且乏味，而是带着不一样的视角去看待这件事情，把它想象成一种能给你带来全新体验的事情。

你甚至可以带着问题去做这件事情，比如问：在做这件事情的每一分每一秒，我有什么不一样的感知？然后充分调动你所有的感觉——视觉、嗅觉、听觉、触觉等，去细细体会、感知沉浸在这件事情中的每一秒。让你的心平静下来，不再去想和这件事情无关的东西。放空大脑，也许你会发现，在这种小事上，你也可以进入一种类似心流的状态，从而获得不一样的体验。

如何做到透彻的思考，直击问题的本质？

在上一节里，我们通过深刻的体验发现了自己的一些盲区，或是认知需要提升的地方，于是我们就从“无意识”进入了“有意识”的状态。但由于这些是新发现的领域，我们可能并不知道如何去解

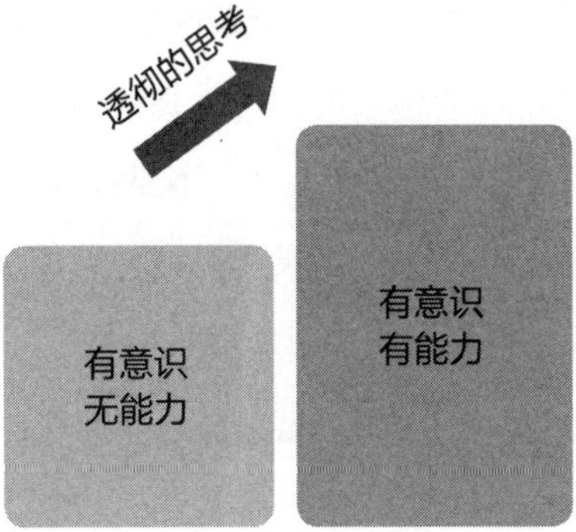

决这些盲区和不足。因此，我们需要通过第二个步骤——透彻的思考，来发掘这个问题背后的形成原因，并找出合适的解决方法，这样我们才能进到“有意识有能力”这个阶段。

讲到思考，我们就需要探讨一下各种思考方法。

有一天，一个朋友问我：“我们经常会提到逻辑思维、批判性思维、结构化思维、深度思考等，我发现概念虽然各有不同，但也有交叉。历史上有没有谁比较系统地总结和定义过思维的各方面能力，让我们可以在实践时参考？”

坦白地说，我之前没有从这个角度思考过，因此他的问题对我来说就是一个好问题。而我没这么想的原因是，在我看来，这些思考模式都是逻辑思维的衍生概念。

逻辑思维的基石是两种方法：归纳法、演绎法。

这些思考模式的基础工具也是这两种，万变不离其宗。

朋友听了我的解释，说：“市面上各种‘思维’原来是被包装出来的，我被表象迷惑了。”

其实不只是他被迷惑了，在他提这个问题前，我也会习惯性地向别人推荐批判性思维的好处。但仔细想想，批判性思维的要点就是更审慎地使用归纳法和演绎法去看待问题。

朋友有点意外，因为他之前以为批判性思维是对信息的搜集和筛选，不要盲从权威，不要断章取义，不要被情感左右。

其实朋友说的都是结果，如果能严格分析信息和结论背后的逻辑就会得到这些：不会盲从权威，不会断章取义，不会被情感左右。

所谓分析信息背后的逻辑，就是从逻辑思维的角度来考察得出一个结论或观点的过程。考察这一过程是否可靠，首先要分辨它使用的是演绎法还是归纳法。

如果是演绎法，那么就要看两点：

一是前提是否正确；

二是过程是否合法。

若是归纳法，那么就要看三点：

一是用于归纳的例子是否够强；

二是例子是否具有普遍性；

三是是否只提及支持自己观点而忽略不支持自己的观点的案例。

比如不感情用事，如果你只看逻辑，那你肯定会不带感情地去看待它。

比如不盲从权威，如果你只看逻辑，那你肯定不管跟你说话的人是权威还是专家。

只要我们能够尽量严格地用归纳法和演绎法去考察问题、考察信息背后的逻辑是否成立，我们就能确保在思考时不会犯常见的错误，这就是透彻思考的基础。

在这个基础上会出现很多衍生概念和思考方法，相关书籍和课程也有很多。因为本书内容所限，在此我只讲两种和认知破圈相关的思考方法：追问法和切分法。如果对其他思考方法感兴趣，大家可以参考附录的书单进行进一步学习。

追问法

所谓追问法，就是揪着一件事情不断地问为什么。

曾经有一个人来向我咨询留学事宜。他当时在一个传统行业里做得很不错，这个行业并不需要他有什么高学历。但他说，他希望自己在这两三年抓住行业中的一个机遇赚一笔钱，然后出国留学。

我问他：“你为什么要出国留学？”

他说：“我想增长见识。”

我问：“你想增长哪方面的见识？”

他愣住了，然后说：“因为我现在的很多朋友都是海归，我希望能跟他们有同样的文化背景。”

然后我问他：“你觉得现在你那些朋友排斥你吗？”

他说：“没有。”

我说：“既然没有排斥你，那为什么你需要拥有和他们一样的文化背景呢？”

他又愣住了，然后说：“我觉得出国应该就有好处吧。”

我说：“你要考虑到出国是有机会成本的，不仅要花费很大一笔钱，还要耗费很多精力去做出国准备，还有你真正到了国外后所花的时间。所以，你出国的最终目的到底是什么？”

他一直回答不上来，最后才不得不承认，其实他内心有些自卑，而他把消除自卑感的解决方式寄托在出国获取一个文凭上。在这一连串追问之下，他才愿意直面自己真实的问题，去寻找解决自卑感的直接方法，而不是重复过去的模式：把消除自卑感的方法依托在外部的一些经历或者认可之上。

根据一个人的思考习惯，我们可以把人分为“无反思意识者”和“有反思意识者”。追问法就是一种能够有效帮助一个无反思意识者变成有反思意识者的方法。

无反思意识的人不会对自己的结论或者行为做进一步的检验，

要么不去思考结论的合理性，要么忽略了其他方面。就像上文这个想要出国留学的人一样，他并不会去透彻地想清楚自己为什么要出国。这其实也是一种思考上的麻木，这种麻木会阻碍一个人对自我的挖掘和认知的提升。

有反思意识的人会对自己的结论和思考过程提出怀疑，这里的怀疑并不是自我怀疑。自我怀疑是对自己的性格能力直接添加一个负面评价，而反思性的怀疑是对思考和结果的合理性、逻辑性和缜密性等方面进行检验。其基础是之前我们聊到的逻辑思维，提问方式类似我对上述想留学的咨询者所做的追问。

在日常生活中，很多人喜欢直接给对方建议，但我不是很喜欢这么做。一方面，这剥夺了他人自我分析、自我决策的自由，助长了其继续做一个无反思意识者的倾向；另一方面，在没有深度了解对方所有信息的情况下，你给出的建议可能并不合适。所以我经常使用追问法。它的好处是提供辅助而不参与决策，帮助对方自行找到问题的答案，而不是直接给予答案。这样可以培养他们反思的意识，从而成为有反思意识者。

曾经有人向我咨询，如何才能帮助精神压力大，甚至可能有心理问题的创业者。这个人提出的一个想法是，在投资机构里从事帮助创业者的投后管理工作。然后他询问我有没有什么实现方式。

我并没有直接回答他，而是问他：“既然你想做的是心理方面的工作，那么你觉得还有什么是你能做的呢？”

然后他自己得出一个答案：他可以去获取很多心理学相关的知识，甚至考一个心理学相关的学位，来帮助他想要从事的工作。

上面都是我以追问的方式来支持对方解决问题的案例，其实追问法也很适合反思自我，只不过你可能需要扮演两个角色，一个是通常的你，一个是会挑战你思考和行为惯性的镜子。当你对一些事情感到困惑时，正是你应用这种追问法的最好时机。不断地问自己为什么，你可能就发现在这些答案之下隐藏着的惯性思维模式或行为模式。

不停地用追问法去检验自己的行为、思想、决策、情绪背后的深层认知，就是透彻思考的一种核心方法。因此从这个角度上说，反思自己每日的所思所言所做，是一个适用于提升自我认知的好习惯。

切分法

切分法是我自己发明的一种方法，顾名思义就是把一种信念、观点或情绪里的不同元素切割开来，然后确保其中的每个要素都具备精准性、相关性、合理性及真实性。这种方法特别适合于处理那些容易激起情绪的观点和思想，或是内在已经涌起的复杂情绪。

切分法包括几个要点：

1. 厘清定义。

每个人因为自身经历不同，对于不同的词语可能都会有自己独特的理解，但外人对此可能不清楚，因此使用一些词语或表达方式有时就很容易引起误解。在人际交往中，如果对方说的某个词语让你不舒服，你可以询问一下对方这个词是什么意思，也许就能解开一些误会。

我刚到北京时，听到一些比我年长的人对我用“您”这个词语，就会有一种受宠若惊但又很尴尬的感觉，因为我认为“您”是尊称，如果使用不当可能有讽刺的含义。后来我才知道，原来北京人都很习惯用“您”。后来再有年长的人对我用“您”时，我就不会有那种感受了。

2. 寻找相关性。

很多时候，人们在表达或思考时并不会注意他们思考的事情是否有相关性，反而会习惯性地把一些并不相关的东西放在决策里一并考虑。切分法就是要求你把不相关的东西清晰地分割出去，这样就不会干扰你的思考。

我以前带过一个实习生，她毕业后进入了一家大型互联网公司，但工作不久后就发现工作内容和当时面试时说的完全不一致，她其实是希望学习如何做产品经理，但实际上做的都是宣传方面的工作，而公司也没有任何从 0 到 1 的项目可以让她参与。她想换个能够学习到如何做产品的工作，却又觉得老板对自己很好，离开会辜负老板，所以一直犹豫不决。但是，职场上的成长其实跟她与老板的私人关系并没有相关性，如果她工作的优先级是学习和成长，那么她无须让私人关系成为自己做决策的阻碍。

3. 分析合理性。

人们习惯于从特殊事实中归纳出普遍原理，从而忽略了其他可能性。

比如，你帮朋友约了一个私人教练，却没想到朋友第一次去就迟到了 20 多分钟。你觉得他不尊重你，同时也让你在教练面前很没有面子，于是很生气。其实导致一个人迟到的原因有很多，你的朋友也许是不小心迟到的，会因自己的迟到而自责不已；也许是他习惯性地认为迟到是难以避免的，觉得迟到没什么大不了的。无论是哪种情况，都和是否尊重你无关，因此你不需要直接得出这么一个结论，而是可以在了解具体情况后再做判断。

4. 验证真实性。

在做咨询时，我经常会碰到一些所谓的老好人。他们特别在意和别人的关系，害怕和别人起冲突，也根本不敢做出一些可能会得罪别人的事情，无论这些事情有多么微不足道。

有个女生经常帮单位的同事带饭，但从来没有问她们要过饭钱，而当对方问起时，她就会很客气地说不用了。但她的工资其实并不高，每个月帮别人带饭也要花好几百。

她问我："顾老师，我帮别人买饭后总不好意思问别人要钱，我担心别人可能会因此觉得我小气。"

我说："你不问怎么知道呢？"她依然担心。于是我说："要不下次给同事带饭时，你找其中一个你最不担心的人问一下，突破一下自己的舒适区？"

她同意了。

后来她很高兴地告诉我，她的那个同事反馈很好，因为同事其实也有点不好意思一直不给钱，这样说开了大家的关系反而更近了一步。

这其实是一个通过验证真实性来打破信念体的故事。这个女生在人际交往中有很多关于对方的假设，从而形成了错误的信念。比如，问别人要饭钱别人就会觉得她小气，问别人要钱是不礼貌的行为，等等。只有当她得到一个真实的反馈后，这些假设才能被打破，她才能放下心来做自己想做的事情，也就不用活得那么别扭了。

总结一下，应用切分法来分析事情的过程可以被分为三个阶段：定义、反驳、重塑。

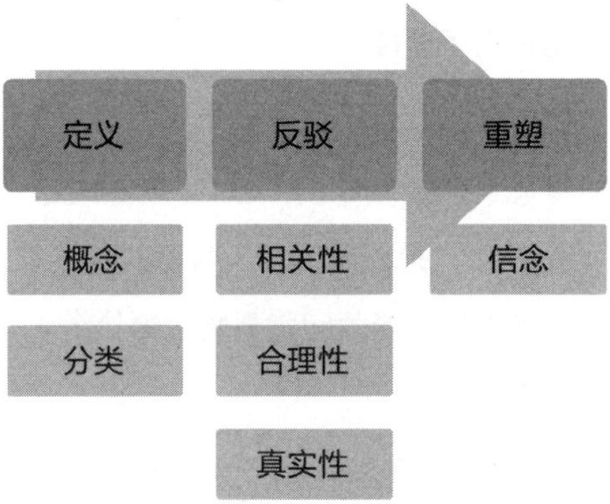

定义就是把这件事情中的相关概念梳理清楚，把不同的概念分类区别开来。

反驳就是通过对相关性、合理性和真实性的检验，打破很多之前未经验证的假设和武断结论。

重塑就是根据前两个步骤得出的结论来重新定义一个更适合自己的概念，打破原先的信念体，从而在底层架构上获得解脱。

下面我会分别用追问法和切分法来解析一下我的底层恐惧。

追问法案例：我为什么刻意追求独特?

在认知破圈的过程中，你需要学会真实地面对自己的一切，不断用追问法去做更深的挖掘，甚至需要挑战并打破自己的防御机制。这里，我对自己放不下的一个执念做了深度剖析，不断打破自己的保护机制，最后和自己达到一种深度和解。括号里标注的是我对相关思考做的点评。

为了独特，我失去了理性

在上飞机回国之前，我极其沮丧，一个人在休息室里哭泣。（这时的我完全被情绪体掌控。）

起因是，半小时前，我和同行的一位老师说了自己对去年发生的一些事情的担心和害怕，老师问我到底害怕什么。

我想了想，觉得是邪恶。

老师问我："这个词最早是什么时候出现的？"（老师提了个很关键的问题。使用追问法时，所提问题的好坏也会影响结果。）

我想了想，这是一年前一个我很信任的朋友告诉我的。我有时候也听别人说这世界上有不能用科学解释的邪恶，但是并不会信。可是这个人是我很佩服和信任的人，再加上我遇到的一些奇奇怪怪的事情，所以我就信了。

在我和老师说这个话时，我有点尴尬了。

我意识到我没有深度思考就相信了别人，同时因为这些奇怪的事件，我在大脑里关联了更多可能和这完全无关的东西。（通过逻辑性来验证别人的消息是否可靠，从而得出新的结论。）

为什么会这样关联呢？因为这更多的东西，说出来会让我觉得自己很特别，和一般人不一样。

这时老师好像看穿了我的内心戏，说："你特别在意你的独特性。"

我心里开始有点犯堵了，因为我以为自己已经放下了对独特性的执着。（这是由信念体引发的情绪。当时我的假设是我已经不在乎独特性了。）

我去年做了个非常痛苦的思维实验，我发现自己对于独特性的追求逐渐在严重地影响我的行为举止，让我的情绪容易产生波动。

我知道我的自我价值体系的支柱来自独特性和意义感。于是，有一天我尝试着放下对独特性和意义感的追求。我的自我价值体系在那一刻崩溃了，我突然觉得自己什么都不是，什么都没有，陷入到深深的恐惧之中。我开始哭泣，虽然绝望，但奇怪的是，我没觉得自己需要放弃生命，似乎远方还有什么东西在那里吸引着我。当我最后从极端的绝望中走出来后，我对生活有了更深的感悟，比原先更能接纳自己的平凡。

但现在我知道，我并没能完全放下。

我开始想为什么自己老是放不下对于独特性的追求。于是，追问法开始了。

1. 我为什么放不下独特性?

也许我还是想摆脱父母的影响活出自我？

也许我处理原生家庭问题的方法就是独辟蹊径，在独特性上建立自我价值感？

也许我还没能完全放下原有的自我价值观体系，依然在靠独特性和意义感来获取我的存在感知？

但我隐隐觉得这些都不是深层原因，因为这些觉察并没有让我放下追求独特性的心。如果找到了深层原因,那么我应该可以放下它。

有追求的心不可怕，可怕的是过分追求，那就变成执念了。

我觉得即便我完全和母亲和解了，让她的爱流遍我的心，我依然有可能会过度追求独特性。

2. 原因到底在哪里？

有同学和我说，每个人都在追求独特性，这没啥不好的。

我一开始觉得他说得对。但是我后来想想，独特性应该是果，不是因。（不盲信他人，是透彻思考的一个准则。）能够纯粹地投入并享受一件和别人做得不一样的事情，这种独特性是无意识的、自然的，是源于对过程的享受。而刻意追求的独特性是有意识的，一旦刻意，这个度就很难把握，就会像我这样一不注意就会过火。过火时我就开始编写各种故事脚本来丰富我在现实中的体验，并沉迷其中而不自知。

在对周边奇特事件的解读上，我创造了一个光怪陆离的世界，失去了客观性。而由独特性构造起来的“小我”，在这种想象的养分中越发扬扬得意。

我又一次与现实世界脱离，我的才华被用在了错误的方向上。

我原本可以用这种想象力来写作，而我却用它来编织荒谬的人生脚本并沉迷其中。

深深的挫败感冲击着我，我以为自己在过去两年的努力自省和反思有了效果，可是那些旧的、不好的习惯又出来了。

我好难受。（很多时候，发现自己的信念体也会引起情绪波动，这是认知突破的开始，因为知道盲区总比不知道更有助于解决问题。）

3. 为什么会难受呢？

深挖一下，这种挫败感虽然有委屈不甘，但还有一种我很熟悉的恐惧——我自己不够好。（这是一个比较底层的信念体。）

有些方面我虽然强一点，但还不足以让我成为心灵上的强者，而我在世俗层面上又不够成功。

我两边都不够好，我不喜欢这种感觉。

我给一个好朋友打了电话，说了我的感受。

他听完以后说："我很理解你这种感受，就好像哲学界有康德，也有萨特。康德几乎可以说是才华横溢的天才，而萨特不是天才，他只是不断地努力，因此作品会有刻意感。而我不喜欢这种刻意感，也因此不喜欢萨特。但是背后真实的原因是，我恐惧我最好也只能做到萨特的水平。"

我说："是的，我不知道为何我这么恐惧失败，恐惧一无所有。尽管我很多时候能保持平和、自在的状态，但这深埋底层的恐惧一直没有消失，时机一到就又出现了。"

朋友说："你对失败的恐惧，其实是你对过度批判自己的恐惧。你不够爱自己。"（有时候，找个思辨能力强的人可以很轻松地击中你问题的核心。）

这句话击中了我。

4. 为什么我会自我批判？

我极其顽固的一个模式就是对自我的批判。一方面，这让我有了比较深刻的洞察力和精进的动力；另一方面，这构成了我的不可动摇的底层恐惧来源。

这就像是一个特别牢固的负向循环：每当我觉得自己做得不够好时，我就会极度责备自己，我对自己的不耐烦、苛刻和不包容导致我内心极度痛苦。而我因为不想这么痛苦，就极其恐惧失败。一旦失败，这种痛苦模式就会开启，那么我就会极力避免失败，于是就做出了很多为了避免失败刻意为之的做作行为。（这是一个由"我不够好"的信念体、过往失败形成的记忆体和痛苦的情绪体组成的封闭式结构。）

5. 尽管我失败了，但我不会怪罪自己，那么我还会害怕失败吗？

答案是我不会。

我的最底层恐惧的来源是我对自己的不宽恕。

当我没有意识到这一点时，我的底层恐惧就是不可动摇的，当我意识到这一点时，这个结构就不再牢固了。

6. 如何拆除这个结构？（这里只是拆除了，后续还需要持续练习才能形成新的认知结构。）

拆除这个结构很容易。半杯水，你可以当它是空的，你也可以当它是满的。

我在两个世界里都不是很强，但我也可以以平常人的心态去享受两个世界各自的美好。

漫威的电影经常说，能力越大，责任越大。我既然不是能力最突出的那一批人，那么就开开心心地做个普通人，让有能力的人去承担更大的责任。

我没有必要用一个自己完全达不到的标准来衡量自己。对自己的能力天花板要有清晰认知，是我一直在教别人的，但是我却灯下黑，看不到自己也犯了一样的错。

写完上面这句话，我觉得我可以默默地把“自己还没能做到”这一句去掉，因为意识到了就是做到了，做到了就没必要继续批判自己了。

结论

六个深度追问，让我可以发现自己内在的一个不合理的认知结构，这就是追问法的魅力。

切分法案例：别人不接纳我怎么办？

上面我用了六个追问找到了我底层恐惧的一个基础结构：因为不能接受自己的失败，从而害怕失败，进而追求独特感来避免失败。这背后是一种对自我的不接纳。是否还有其他我不接纳的地方呢？让我用切分法来继续分析一下。

首先，我需要定义一下这个不接纳，看看它包括了哪些东西。（这是切分法的第一步：厘清定义。）

不接纳包括自己对自己的不接纳和他人对自己的不接纳。我用追问法分析的是自己对自己的不接纳，所以下面我需要看一下他人对我的不接纳。

我是否也恐惧他人的不接纳？

自我批判当然也包括了对他人不接纳的恐惧。

这部分可以用切分法来给定义做进一步的细化，或者说，给我会恐惧的“他人”做一个定义和分类。

“他人”可以分为我认识的人和我不认识的人。如果是我不认识的人，他是否接纳我其实和我没什么关系。因此，我恐惧的“他人”应该是我认识的人。我认识的人里包括了我在意的人和我不在意的人。我不在意的人不接纳我，我也不会介意，所以我恐惧的是我在意的那些人。

在我在意的人里肯定也会有一部分人接纳我。那一部分不接纳我的人，可能是因为他们对我的行为有误解，或是没有接收到充足的信息。在这种情况下，通过充分的沟通也许可以让他们接纳我，那么唯一不接纳我的就是经过沟通仍不接纳我的人。（这里其实是做了一个相关性的检验，看一下不同的人群和我这个命题之间的相关性。排除不相关的，从而把原先庞大的人群缩小到极其细分的人群，这样你需要处理的对象就少了很多，负担也小了很多，同时也能够提出更加具有针对性的解决方案。这也是一个有效缓解情绪体的方法，因为很多时候情绪体的出现是因为我们把太多东西打包在一起去看待，从而非常容易产生情绪。切分法则能排除不相关的事物，从而让情绪的起因减少许多。）

对于别人的不接纳，你有几种解决方法：要么改变自己，要么改变别人，要么去找其他接纳你的人，要么不在意别人对你的不接纳。

每种解决方法的效果不同，有效期也不同，但都能在当下消除对他人不接纳自己的恐惧。

这么一切分，把不相干的人去掉，好像原来很恐惧的东西就变得很小了，也没有那么可怕了。

对自我的不接纳除了介意他人的看法，还有一点就是来自“我不够好”这个信念。

那么切分一下，我们就需要定义“好”是什么。

“好”有世俗的“好”和内在的“好”，或者说外界定义的“好”和我自己觉得的“好”。对于一个渴望活出自我的人来说，有些外界定义的“好”是不合理的，所以就可以把这个“不合理”的选项排除掉。（合理性是一种逻辑判断，但其前提是有判断的标准，在这种情况下，判断的标准是我的内在价值观和对理想自我的定义。）

我在意的是自己有能力去体会内心世界的圆满安详。也就是说，无论外人看起来多么糟糕，我自己心里觉得好就行了。

当然，有人会说，这是自我安慰。自我安慰是明知道不好，却刻意地自我催眠说好。自我圆满是没有觉得好或者不好，因为不在意别人的看法。

即便我一定要拘泥于好和不好，也可以通过自己的定义而不是他人的定义来判断。我自己定义的好是内在的平静，而这个是可以通过自我调节获得的。

很多人追求钱、权、影响力、别人的认可，其实那是为了获得内心的良好感受。如果你具备了自我觉察和调节情绪的能力，那么无论外在怎么变化,你早就已经在终点了。所以这个答案就很有意思，我越是追求世俗的好就越觉得自己不够好，因为世俗的那些好我并不一定具备。但如果我去增加对我内在平静的感知力，我反而直接达到了很多追求世俗那些好的人的终极目标。这是因为企图通过金钱、婚姻、影响力等获取快乐的方式都是间接的，一个人拥有直接得到快乐的能力，是可以“立地成佛”的。（这里其实验证的是一个论点的真实性——不依赖金钱等外物，一个人能否拥有直接得到快乐的能力。）

在一个全球绝大部分人都能吃饱的年代，其实谁都能活得很好。即便吃不饱,也没有人能剥夺你感知快乐的能力,除了你自己。钱、权、影响力等很可能都不是最终目的，只是工具而已。

除了找到直接获得快乐的方法，我还可以分析一下我不快乐的根源在哪里。如果是来自没有独特性，我还可以通过改变对于“独特性”的解读来达到目的。（这里是对厘清定义的另一个应用，用了重塑自己的信念，在后面的章节里我们可以看到，这个方法对于打破信念体相当有用。）

独特性可以怎么重新定义呢？

生命有很多面向，当你永远比较同一面向时，你和别人都是相同的；当你学会比较不同面向时，你和每个人都不一样。从整体性来说，每个人都是独一无二的，如果你只看一处，那么每个人都是大同小异的，那就只能通过比较来做区分了。

比如说，一个人去过20个国家，一个人去过60个国家，如果以国家数量为标准，后者胜出。但是第一个人去的国家都是很少有人去过的，如果以稀缺性为标准，那么前者胜出。

如果你再将性格、兴趣、工作、家庭、价值观等因素考虑进去，那么每个人都很独特。你是一个外向的人，去过20个国家，喜欢在每一个国家长时间待着。我是一个内向的人，去过20个国家，但我只看主要景点和博物馆。这两种情况就各有各的独特性。

从数学上来说，参数一多，排列组合的结果就会以几何级数增长。世界上有70多亿人，从数学角度看，每个人轻轻松松就具有独特性。

一个事实就是，看的视角不同，结果完全不一样。所谓独特性，调整一个视角就有了，根本不需要刻意追求。

我之所以不满足，是因为我的视角太单一了。

想到这里，我感受了很久，发现我的底层恐惧消失了，我落地了。

把认知内化为能力的高手会做这样的实践

威廉·艾伦·怀特说过，人的习惯性思维便是他的生活态度，他的这种理念会在无意识中影响到他和周围的环境。

限制我们认知的情绪体、记忆体和信念体，就是三种习惯性的思维和情绪模式。当我们通过深刻的体验发现自己认知上的问题，应用透彻的思考来找到解决方法和形成新的认知时，我们还需要通过持续的实践来内化这个新的认知。换句话说，持续的实践可以让我们从“有意识有能力”变成“无意识有能力”。

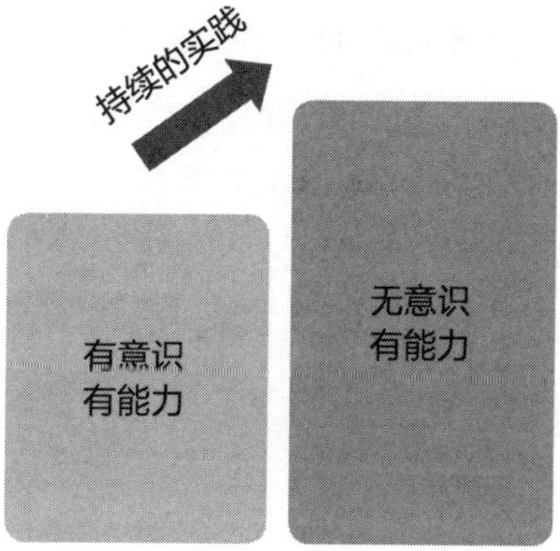

既然我们的认知会被很多坏习惯影响，那么改掉一个坏习惯需要多久呢？麦克斯威尔·马尔茨教授在他的《心理控制术》中提出，只需要 28 天就可以改变习惯。

但是为什么很多人改变不了生活习惯，更不用提思维上的习惯了呢？这是因为要改变习惯，或者是养成新的模式，是需要有科学方法的，我们需要遵循精进的五个要素：

一是清晰的目标；

二是已经被验证的提升方法论；

三是超出当下能力范围的练习；

四是全力投入；

五是及时的反馈。

很多人会把努力和精进混淆。努力指用尽力气去做事情，如果你看一下上面列出的五个要素，你会发现努力只囊括了里面的第三点和第四点。精进的结果是你比之前做得更快、更好、更深、更专业，而盲目的努力则不一定会带来这样的结果。这背后其实是一个效能比的问题。比如，通过死记硬背，我 30 分钟可以记下 6 个单词；但如果我要精进它，我可能会花 30 分钟去研究一下快速的科学记忆法，然后花 10 分钟记下这 6 个单词，并且在后续任何需要记单词时都能比之前快。

你可以很努力，但是缺乏以上任何一个要素，都难以获得精进。

精进五要素

让我们来具体看一下如何通过精进来突破你的认知吧。

1. 设立清晰的目标。

通过深刻的体验，我们会发现我们希望改变的自己身上的一些盲区，比如，改变自己老好人的行为从而不用违心地做出妥协。

但是，这并不是一个清晰的目标。我们需要把老好人的行为一一列举出来，然后选取其中最重要的一种来做出改变。

怎么定义一个行为是否重要呢？这取决于你设定这个目标的初心。如果你的初心是不再委屈自己，那么你可以分析一下，在这些行为里，哪个行为会让你最觉得委屈了自己。这个行为可能是发生次数最多的，也可能是发生次数不多，但一旦发生就让你特别难受的。你可以列5—10个，然后从中选择。不需要列太多，因为太多了你也无法专注地去改变，效果反而不好。

以下是一个有老好人特质的学员的行为列表（请注意，在列出相关行为时一定要写明确场景和对象）：

> 无论自己有多忙，都无法拒绝同事请我帮忙的要求。
>
> 帮助别人买东西后不好意思要钱。
>
> 即便不同意别人的观点，也不敢提出来。
>
> 如果别人有情绪，我就会觉得是我做错了，无论是否和我有关系。
>
> 不好意思因为自己的事情去麻烦别人，比如，不好意思要求涨薪。

在上面列出的这几条里，最让这个学员困扰的是第一条，因为耗费了他大量的时间。于是我们就可以把改变第一条作为目标的基础，然后根据SMART原则来清晰定义这个目标：

S（具体的）：在我今天完不成当日工作时（具体的情形），如果同事（具体某个人）请我帮忙，我会拒绝他。

M（可衡量的）：因为刚开始可能会比较困难，所以我设定每周拒绝一次。

A（可达到的）：一周拒绝一次我觉得是可行的，如果每次都拒绝我可能就做不到了。

R（相关的）：当我自己的工作极其忙碌时，我拒绝别人才能很好地完成我自己的工作。

T（有时限的）：在本周内我就需要完成一次拒绝。

通过上面这些分析，我们就列出了一个清晰且可执行的目标，这样就为完成改变打下了一个良好的开端。

2. 运用已经被验证的提升方法论。

要解决不同问题需要不同的方法论。我们在这一章讲的是突破认知局限的基础方法，后面我们还会针对情绪体、信念体和记忆体等做出更具体的阐述。所以，进行到这一步时，我会建议你除了参考书中提到的方法，也可以自行去搜索和研究针对你的具体问题的方法。比如，要提升记忆力就去研究快速记忆法，要提升阅读速度可以去研究快速阅读法。同样地，要学会拒绝别人，你也可以去参考关于沟通的各类书籍，比如《关键对话》等，通过多方面信息的收集来找到适合你且已经被验证的方法论。

3. 进行超出当下能力范围的练习。

一个人的目标设定其实可以分为三类，如下图：

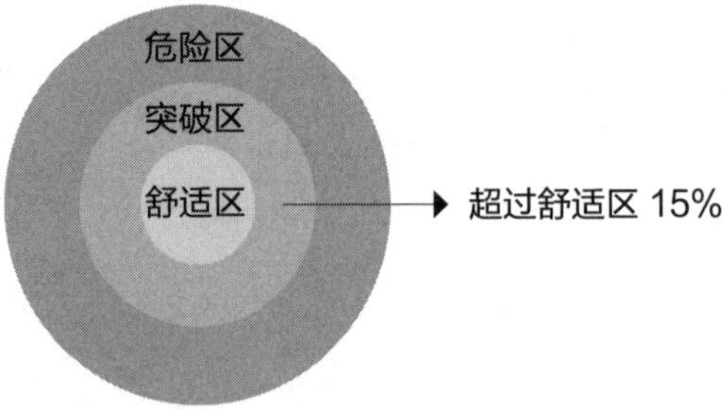

一类是舒适区内的练习，指那些你可以很轻松地完成的练习，因而这类练习没有挑战性。另一类是危险区内的练习，指你想到就会心惊肉跳的练习。因为这类练习太过有挑战性，反而会增加执行的难度，所以我们会建议大家制定超过舒适区 15% 的目标，即突破区的目标。比如，对于上述改变老好人行为这个目标来说，偶尔拒绝一次是在舒适区，每次都拒绝是在危险区，而一周拒绝一次可能就是突破区了。因此我们会制定超出舒适区的目标，也就是一周拒绝一次。

4. 全力投入。

要全力投入就需要专注。我们在设定目标时之所以只选取一个，也是为了让大家更专注于目标。如果想学习更多关于提升专注力的技巧，可以参考于尔根·沃尔夫写的《专注力：化繁为简的惊人力量》，里面提到了很多锻炼专注力的技巧。

5. 用及时的反馈来助力。

精进的最后一个步骤就是及时的反馈。这一步背后的原理很简单，人既然能形成习惯，也能通过形成新的习惯去打破旧有的习惯。但是，要养成习惯就必须有驱动力，而及时的反馈就是一种有效的驱动力来源。

基于驱动力性质的不一样，我们有下面两种方法来实现改变。

第一种方法是基于一些负向的驱动力，比如虚荣感和羞愧感来实现改变。

具体操作是公开向大家宣布你想要改掉的一个习惯，然后让周围人督促你。当他们看到你重复了这个习惯时，就会善意提醒你。时间久了，你就会因为持续不断地接到这种外部的负面反馈而产生羞愧感，从而逐步改掉那个习惯。这也是为什么线下的认知提升课程在改变固有习惯上极其有用，因为你会在一个密集的环境里受到反复刺激和提醒，从而意识到你的这些坏习惯。在这样的环境中，很多人甚至能在一两天内改掉长期以来的负面暗示行为。

如果想改掉老好人的行为习惯，你可以请周围的同事来测试你，看你是否会拒绝他们。如果你没能拒绝，他们可以提醒你下次要拒绝。

第二种方法是通过正向暗示法，也就是基于正向的驱动力来实现改变。

正向驱动的来源可以是外在的，也可以是内在的，如果源于外在刺激，你需要有一个愿意帮助你成长的合作伙伴，可以是你的爱人、最要好的朋友或是亲人。他们需要做的是当你每次基于新的习惯做出行动时，给予你鼓励和称赞。时间久了，这些鼓励和称赞就会成为你内在的动力，最终让这些新的习惯内化到你本身的机制之中。

从某种角度上说，这和宠物培训师训练宠物是一样的。如果你要训练一条狗学会握手，那么当它每次完成这个动作时，你就会奖励它一块好吃的，时间久了这条狗就会对这个行为习以为常。虽然人类经过了长期的历史演化，但是我们仍然可以利用自身的一些生物特性来改变自己的一些不良习惯。

还有一种方式可以帮助我们建立内在的正向驱动。长期从事与行为习惯纠正相关工作的玛丽·简·瑞安，在《刻意改变：81种改变习惯、实现目标的思维训练法》中提出了重复提示语这种方法。

这些被称为提示语的话语之所以能奏效，是因为它们可以颠覆人类头脑中自动化的系统，帮助我们意识到正在做的事情，同时提醒我们想做的事情是什么。

比如，当你愤怒时，你可以问自己："我在害怕什么？"你也可以告诉自己，愤怒是错误的信息传递方式。

如果你经常纠结或者担心别人怎么看待你的话，你可以告诉自己：我需要走我自己的路，不用去管别人。

如果你会习惯性地怪罪别人，你可以重复告诉自己：我如何反应是我自己可以控制的，这和别人无关。

当你不好意思拒绝别人时，可以告诉自己：拒绝不会伤害别人。

你可以根据自己的习惯性模式写出有针对性的需要自己反复重复的话，然后每天提醒自己，当发生类似情形时就重复这些话语，你会慢慢发现它对你的效果。

就这样，我们运用经过验证的方法论进行突破区目标的练习，通过全力投入和及时反馈，就可以慢慢地改变原有的不良习惯了。

如何找到自己终身的职业方向？（应用 1）

深刻的体验、透彻的思考和持续的实践，不仅可以帮助我们提升认知，打破自我局限，还可以帮助我们找到职业方向。以下就是我基于这三个步骤总结出来的五个方法。

方法一：从能力找职业方向

你的职业方向必定和你已经擅长的能力相关。也就是说，你可以通过发掘自己的可迁移能力来逐步确定自己的职业方向。

说了这么多，什么是可迁移能力呢？先来看一下我总结的可迁移能力的体系吧。

按照切分法的惯例，我们来定义一下什么是能力，什么是知识，什么是可迁移。

知识和能力的定义我们前面已经提到，这里不再赘述。那什么是可迁移的知识或技能呢？

我们先来了解不可迁移的知识或技能，它是指那些在我们转换环境、岗位、行业时无法带走继续使用的知识或技能。例如，对于汽车结构的了解是不可迁移的专业知识，动手术和维修汽车是不可以迁移的技能。有些知识和技能可以允许你换行业，但不容易换岗位，比如 Word、Excel、PPT 技能，或者财务知识等，这种就属于部分可迁移的知识或技能。

我们经常见到 35 岁雇员齐齐下岗的新闻，而下岗的人通常都只具备不可迁移的知识或技能，或拥有部分可迁移的知识或技能，他们能够在不同环境或岗位应用的能力很少，因此想再找到一份工作就很困难了。

比如一个 35 岁的程序员，如果他只会写代码，不会做管理，而写代码又达不到优秀架构师的程度，那他下岗后就很难找到工作，因为对雇主来说，他的性价比不如年轻人。有时候，即便是可迁移的技能都可能会过时，比如以前的打字员这个职业，就在社会变迁中被淘汰掉了。

如果一种能力可以允许你从一个岗位转到另一个岗位，或从一个行业跨到另一个行业，那么这种能力就叫可迁移能力。

可迁移能力可以分成三个阶段：初阶、中阶和高阶。

初阶的可迁移能力通常是单一能力，例如，在学生社团活动中负责和其他社团联系、跟赞助商沟通的学生就可能具备较高的沟通能力，那么他从大学转到职场时就能发挥此项技能优势，选择营销或商务拓展等这些对沟通能力有需求的岗位。初阶可迁移能力还包括想象力、共情能力、观察能力、执行力、推理能力、分析能力、表达能力等。

这些能力对于应届生或者是工作 2—3 年的职场新人来说是非常有用的，因为我们能够通过经过验证的方法论来有效提升这些能力。通过提升这些单一能力，职场新人可以快速积累成绩，并为后续提升复合型能力打下基础。

因此，仅仅有可迁移能力还不够，我们还需要不断地提升它，直到我们可以很轻松地应用它们，这时能力整合就会发生。

能力整合是指可以很自如地同时运用不同的单一能力。这些能力整合后就会变成中阶可迁移能力。比如影响力就是一个中阶可迁移能力，根据不同场景，它可以被分解成若干个单一能力。

假设你是一名销售员，当你卖给客户产品时，你需要去影响对方的决策，这时候你可以用的单一能力包括共情能力、沟通能力、表达能力、讲故事能力和分析能力。具体来说，你通过共情体会到对方的需要，同时分析出这笔生意如何能满足对方的需求，然后通过恰当的沟通方式表达出来，辅以生动的案例故事。这些单一能力之间的配合应用就产生了影响力，帮助你完成了销售任务。

在可迁移能力体系里，我们是像盖房子一样一层层盖上去的，知识和技能构成能力，单一的初阶可迁移能力可以整合为复合型的中阶可迁移能力，中阶可迁移能力可以整合为高阶可迁移能力。

有一种高阶的复合型能力叫产品思维能力，指的是能够从第一性原理角度出发去思考事物和产品的本质：客户真正的需求是什么？产品设计的主体脉络是怎么样的？此外，还需要能够考虑实际情况和资源，用最有效和可行的办法设计出完成路径。这个高阶能力就包括了设计能力、洞察力、组织能力、管理能力、执行力等中阶和初阶的可迁移能力。

总结下来，可迁移能力体系可简单概括如下：

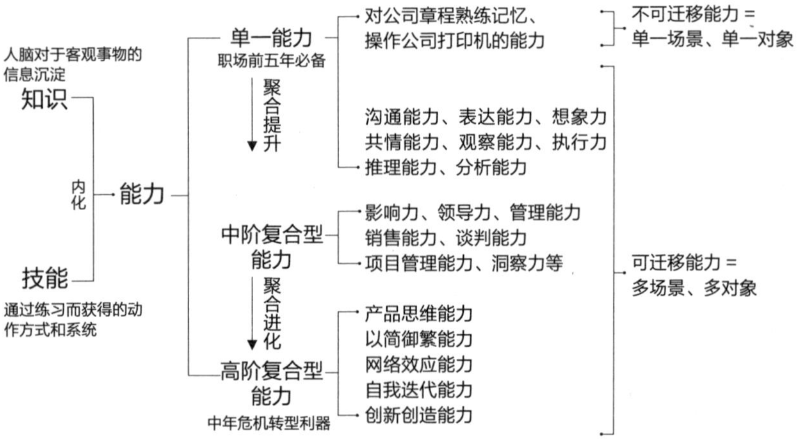

在了解这个体系之后，很多听起来很复杂的能力，比如领导力、影响力，就不再神秘了，掌握它们的路径就变得清晰多了。因为你不仅知道它们是由什么样的积木（初阶可迁移能力）搭起来的，还知道如何掌握这些积木制作的方法。只有不断地把低阶可迁移能力整合为高阶可迁移能力，在职业稳定期的你才能继续上升，一步一步缩小和顶尖人才的差距，搭建属于你自己的能力壁垒。

那么如何找到自己的可迁移能力呢？有以下几个步骤可以帮到你。

步骤一：把自己印象最深刻的3—5段实习经历或工作经历罗列出来。（深刻的体验）

步骤二：思考在每一段经历中你的职责是什么，你负责了哪个板块，你完成了什么事情，获得了什么样的成果。（追问法）

步骤三：根据你负责的板块，细想一下你运用了哪些能力。（透彻的思考）

步骤四：把总结出的能力写在纸上或记在备忘录里。

我们在这里把常见的初阶可迁移能力分一下组：

与人相关的：共情能力、观察能力、表达能力、沟通能力；

与处理问题相关的：执行能力、推理能力、分析能力；

与创新创意相关的：想象能力、观察能力、表达能力。

有的能力，比如观察能力，可以应用在不同场景，所以会出现多次。

你可以分析一下目前自己具备的可迁移能力主要在哪几组，这能帮助你确定你的职业方向大致会落在哪里：是与人相关的职务，比如销售、商务拓展，还是与事相关的职务，比如项目执行，还是与创新创意相关的职务，比如设计、用户体验等。当然，有的人会有不同的能力组合，会适合一些更综合性的岗位，比如活动策划、项目管理等。

你还可以去招聘网站上看一下一些热门岗位的需求，分析这些岗位需要哪些能力，如果和自己已具备的能力相匹配，你就可以考虑以这些岗位来作为自己的职业方向。

你也可以通过人脉资源来帮助你进行职业匹配。在给很多人咨询的过程中，我会帮助他们分析出自身所具备的可迁移能力，并告诉他们在我了解的几个行业里，哪些职位可以匹配上这些能力，这样他们就有了更多的方向去思考。你也可以询问一下身边从事不同行业的朋友、同学或者亲戚等，让他们帮你想想你的能力适合哪些行业，帮你确定相关的方向。这种不断的调研，也是一种持续实践的方式。

方法二：从兴趣找职业方向

光有能力还不够，你还可以通过自身的兴趣爱好来确定自己想进入哪些行业：如果你对新科技产品感兴趣，那你可能适合高科技产品类公司；如果你感兴趣的是通过和他人聊天而深入地了解对方，那么你可能适合做人物记者；如果你对拍摄记录感兴趣，那么你可能适合做短视频；如果你对整理东西感兴趣，那么你可能适合做项目管理。

因此，请你回忆一下自己最感兴趣的事情，看看是否有哪些行业或者职务跟这个相关，那么这些行业和职务就值得你后续去深度了解一下。你也可以回忆一下自己最骄傲、自豪的事情，因为这些事情往往是你有兴趣再次做的。

不过，我们需要注意一点，能力是一个恒量，但兴趣是一个变量。

变量指的是什么？它会变化。也就是说，兴趣会消失。我之前最大的兴趣就是看漫画，可后来我迷上了小说，对于漫画的兴趣就逐渐消失了。

所以，以兴趣来确定职业方向也有一定的风险，毕竟兴趣不一定是持久的。

当兴趣不靠谱或者你没有明确的兴趣爱好时，怎么办呢？你可以抓住每一个能应用到你当下可迁移能力的机会去体验，从中深度挖掘与职业相关的兴趣点。

举个例子，我在高中时没有明显的兴趣点，但是我书面表达能力很强，所以高中毕业后我做了份记者的实习工作。大二时，因为学理工科，我对数字比较敏感，分析能力也不错，于是我又做了金融业的分析员。大学毕业以后，我一开始在投行工作，然后转去做资产管理，还做了管理咨询，后面又做了游戏设计。

为什么要尝试这么多？

我的每一次尝试并不是盲目的，每一次尝试必定能够用到我已具备的可迁移能力。与此同时，我会发掘和培养其他可迁移能力。在投行里，我锻炼了分析能力，又培养了对行业的洞察力；在做资产管理时我用到了这两项能力，同时又培养了项目管理能力。我基于洞察力和分析能力拿到了管理咨询的实习机会，而在做管理咨询的过程中又锻炼了演讲能力。这就像滚雪球一样，不同的经历让我慢慢构筑起自己能力的壁垒。

另外，每一次尝试都可以让我剔除一个自己不喜欢的行业。我会去分析我到底喜欢什么行业，不喜欢什么行业。三段金融行业的工作经历让我意识到：金钱上的交易对我没有吸引力，而我也不是一个很有耐心的人。这也就意味着未来我要做的事情都是快节奏的，并且是和聪明人合作的工作。这样一段段经历积累下来，我越来越清楚自己喜欢和适合的工作是什么样的：我喜欢有创意的工作，我希望看到我做的事情能对一个个体产生影响。这就是为什么我后来去做了游戏：一个快节奏、需要创意又离用户非常近的行业。

请大家回想一下你的每段经历，并尝试从中总结出你喜欢或者不喜欢的东西，从而进一步发掘你的可迁移能力和职业兴趣点。这样，你会有很多线索来找到你期待的职业方向。

方法三：从特质找职业方向

一个人所适合的职业方向也可以从他的显著特质来推导。

为什么我们在这里只说显著特质，而不说优缺点呢？

这是因为如果应用场景不当，一个人最大的优点也可能是他最大的缺点，而用显著特质这个中性词语来描述则不会面临这种尴尬。

你的优缺点如同一个硬币的正反面。举个例子，有个创业者沿着一个不被很多人看好的方向死拼，坚持了 17 年。如果最后他成功了，大家会说他坚持不懈（现实生活中马云就是这样的人）；如果最后他失败了，大家会说他顽固不化。其实这个人具备的特质是同一个，就是看准一个方向不放弃，但为什么大家会给予两极分化的评价呢？这是因为人们习惯于根据最后结果的好坏来倒推，给相关特质添加或好或坏的标签。

举个例子，我小时候就读过很多逻辑学方面的书，虽然我是个女生，但是我的逻辑推理能力比一般男生还要强，因此当他们在论述观点时，如果中间有逻辑跳跃，我很容易就能辨析出来。很多人在自我认识上有逻辑上的不一致性或不连贯性，由此导致他们产生错误的人生信念和观点。因此，当我帮他们把这些抓取出来后，他们就会发现自己的问题所在。这就是我极度理性这个特质适合的应用场景。

看到这里，如果你认为极度理性是我最大的优点，那你就陷入了片面观察事物的误区。我教授的认知突破课程，在很多时候会要求我去处理人们崩溃的情绪，这个时候如果我依然理性地去做分析，那就无法解决问题。人陷入情绪时是完全听不进理性分析的，这时的极度理性只会把事情变得更糟糕。在这种场景下，我要应用的是我极度感性的那一面。我要去体会他们的感受，共情和同理他们，有时候甚至要陪他们一起哭。在另一些情况下，有的人会拉不下面子去表露恐惧或自卑，这时我也得用感性的一面去感知他背后的想法和情绪到底是什么，他真正需要的是什么，如此才能帮助他突破自己的局限。

所以，我们无须直接给自己的特质贴上一个优点或缺点的标签，而可以对其做个中性的描述。比如,不用“坚持不懈”或“顽固不化”这样带有情感色彩的词语，而只是把这个特质描述为“遇到事情不容易放弃”，然后去思考这样一个特质在什么情况下会给你带来好的结果，在什么情况下会给你带来不好的结果，这样你才能更好地发挥这一特质的优势，避开那些容易造成不好结果的场景和应用对象。这才是真正意义上的扬长避短。

我曾经面试过一个人，他是一个成功的房地产开发商。他说他最大的缺点是经常借钱给别人，还经常会遇到别人借钱不还的情形，他因此感到很痛苦。我们又聊了他的优点，他一开始说自己的优点是勤劳、刻苦、踏实、能干，但是挖掘到后面就发现，他最大的优点是容易得到他人的信任。这一方面是因为他的亲和力，另一方面是因为他不会拒绝别人请他帮忙的需求，而他也因此积累下一些对他事业相当有帮助的人脉。

我帮他做了一个很简单的梳理。他有一个显著特质，就是不太会拒绝别人的求助。那么，我们来看一下帮助别人有哪几种情况。

一般有三种情况：一种是在金钱方面帮助别人，比如借钱给别人；另一种是在人脉上帮助别人，比如给别人介绍相关的人或者人脉；还有一种是在事情上帮助别人，比如对接相关资源，推动事情的发展，给出建议等。我们可以看到，那位房地产开发商目前最大的困惑是当他把这个特质应用在金钱方面后，他会感到很痛苦，因为很多时候别人借钱不还。但是在对人和对事的应用场景上，他的这个特质却带来了很好的回报，让他拥有广大的人脉，生意越做越好。因此，他以后需要做的就是不在金钱方面应用这个显著特质，而在人和事方面继续应用这个显著特质，如此就能扬长避短了。

那位房地产开发商听了觉得特别有道理，因为他有一个爱帮助别人的人设，而无法不去借钱给别人，所以他以前会比较极端地把别人借钱不还归结于别人的品格问题，从不在自身上找问题。经过这样一番梳理后，他发现在这方面，他对自己品格的定义过于古板了。他可以成为只帮助别人对接人和事而不借钱，但依然能被定义为善良的、愿意帮助别人的人。

通过这个案例我们可以看到，当你对自己的显著特质和应用场景做深度分析后，你甚至有可能纠正自己的信念体。而当你能从这些有束缚性的信念中解脱出来后，你在为人处世上可能会变得更灵活，选择也会更多。

当你分析出自己的显著特质后，就可以根据与其相关的应用场景来分析自己适合做哪个领域的工作。

上文的这位房地产开发商，如果他将不拒绝别人的特质应用在和钱相关的方面，比如借贷，那么他很有可能会出现极高的坏账率，甚至可能因此破产。但是他若将其应用在房地产领域，比如通过帮助别人而拿到价格低廉的土地，他就能在事业上大展宏图。

如果你对手中的两份工作犹豫不定，不妨分析一下你的显著特质更适合哪份工作，答案就会很清楚了。我当年拒绝了风险投资方面的工作机会，就是因为考虑到我其实是一个内向的人，不太愿意天天去社交，而风险投资的入门工作则需要大量的社交，那我就会做得很勉强和痛苦，大概率会做不好，还不如不去。

再举个例子，为什么我适合讲自我认知的课程？那是因为我有一个显著的特质：我是一个极度理性但又极度感性的人，在自我认知领域如能恰当地应用这两个特质，就会收到很好的效果。比如，我可以很理性地帮助别人分析问题，而当别人产生情绪时，我又能感性地疏导他的情绪。

另外，我还有两个配套能力：一是洞察力，能够透过表面的一些现象抓到背后的核心要点，从而有助于深度剖析；二是对于问题的拆分能力。我很善于把一个议题拆解成可执行的步骤，这也是我以前做产品经理或首席运营官这类职位得心应手的重要原因。这就是把自己的显著特质、能力与岗位做到较好匹配的结果。

我们可以看到，如果能够结合显著特质和能力，我们就能够更清晰地定位自己的职业方向。在这里，我们要再进一步给能力做一个精准定义。

我们找出来的很多显著特质其实也包括和工作相关的能力。

比如：

我是一个很容易让人信任的人。

我是一个沟通能力很强的人。

我是一个会开玩笑的人。

但是，这些句子都不是对你能力的精准定义。一般人对于自己能力的定义其实是非常笼统的，比如很多人会说自己是一个沟通能力比较强的人，却不去区分自己是在什么场景下、面对什么对象时才具备厉害的沟通能力。这样笼统地看待自己的能力就容易犯应用不当的错误，就像上文中房地产开发商对于自己显著特质的不当应用。因此，我们需要用切分法来对能力进行更精准的定义。

举例来说，很多人会认为我是一个沟通能力很强的人，但是坦诚地说，我只能在以下几种情形下展现出很强的沟通能力：

情形一：一对一的深度咨询，而且咨询的话题需要和自我认知或个人的认知盲点及误区相关。

情形二：一对多的讲课，话题也必须是我有所涉猎的。

情形三：一对多的演讲，但是需要经过精心的准备。

很多人认为我的沟通能力体现在我随机应变的能力上，但是其实只有在涉及我比较熟悉的领域时，我才能随机应变。遇到大型社交场合，比如鸡尾酒会，我就不太知道该如何回应。所以我的很多朋友会注意到，在社交类饭局上，我通常都不太说话，只是默默地做一个倾听者。这就是对能力的应用场景和应用对象的分析。

还有一个需要被定义的要素是能力本身的特质。我曾经给新浪微博做过一次直播，一同参加直播的是一位沟通能力比较强的姐姐，她曾经在世界 500 强做过很多年的沟通教练。导演当时其实稍稍有点担心，因为觉得我和她似乎都属于很能聊天的，不知道我们是否会争抢话题。没有想到的是，我们两个配合得非常好，因为我善于抽象思维和总结分析，但不善于讲故事，而那个姐姐最擅长的就是活灵活现地讲述各种故事，但不太擅长做理论性的总结。所以，我会先提纲挈领地起一个头，然后她补充几个特别有意思的小故事，最后我再来个思想上的升华，我们俩配合得天衣无缝。

对自己的能力特质有了深入了解后，你才能更好地找到自己的定位，做到扬长避短。如果你是个管理者，这也有助于你精准地匹配团队。

总结一下，对自己能力的精准定义指的是了解这个能力的应用场景、应用对象和显著特质。

如何分析出这些要点呢？我们可以参考以下的问题：

1. 思考你的能力有哪些具体的应用场景，在这些场景里，哪些是你擅长的，哪些是你不擅长的，把它们都罗列出来。

2. 思考这个能力的应用对象有哪些，哪些你比较擅长，哪些你不太擅长。

3. 具体回忆一下该能力展现的形式有哪些，是否有些形式你平常并不是很擅长。

如果你很难自行分析出来，也可以请周围的人帮你做一些分析，你可以给他们描述一下能够凸显你能力的重要事件，或者把你整理出来的能力特质表单拿给他们看。请让那些有不同视角或者具备总结归纳能力的人来帮你梳理，这样才会节约你的时间，获得更好的效果。

方法四：从广义价值观来筛选职业方向

有的人会说，即便我发现自己有好几种特质、能力或兴趣爱好，但我不可能在每一种特质、能力或兴趣爱好上都花费大量时间，那我如何能找到需要我专注发展的特质、能力或兴趣爱好，进而定位职业方向呢？在这种情况下，我们就需要引入价值观了。

很多时候，一个人的选择和他在意的事情相关，而这些事情的抽象表述就是一个人的广义价值观。

曾经有个学员，非常纠结于自己是否应该去尝试一下投行之类的金融工作，但是他又很难说服自己付出全力去学习相关的知识和技能，而他的同学就可以全身心地投入金融机构的招聘和面试的准备工作。他很痛苦，于是来找我聊。我发现他在说某些事情时会充满热情，比如他创办的一个公益机构如何帮助贫困山区的孩子获得了更好的教育机会。因为这些事情通常允许他深刻地帮助或影响别人，深刻地帮助别人其实是他的一个广义价值观，而这和从事金融工作关联不大，这也是为什么在潜意识里他很难说服自己投入金融机构的求职工作。

所以，你可以回顾一下，对你来说最重要的是什么，你可以拿这些作为标准来选出你需要专注的特质、能力或兴趣爱好。更多相关内容可以参考“通过情绪来分析出你的价值观”的内容。

方法五：从反馈找职业方向

对很多人来说，有线索帮助他进入一种职业还不够，因为一种职业做着做着热情可能就消退了，于是他就又迷失方向了。因此，要找到长期的职业方向，你还需要一个核心要素：及时、正向的反馈。

虽然我从事过很多行业，但是一直没有觉得那些行业就是我职业的大方向。直到我进入教育行业才发现，我擅长的东西不但能在这个行业得到淋漓尽致的应用，而且我也能从中获得及时、正向的反馈。这些来自他人的肯定给我带来极大的意义和成就感。这样的反馈多了以后，慢慢地我开始把教育当成我的事业。随着我把教育当成我的事业，我在上面投入了更多时间，也有了更大的兴趣和动力去做好它，而这又让我得到更多的正向反馈，于是我开始认定从事教育就是我的人生使命。

自此，我发现了寻找长期职业方向的关键点，那就是及时、正向的反馈。正向的反馈不是对人本身的评价，这对你树立对于自己能力的信心帮助不大。正向的反馈应该是针对你的能力或你做出的良好成果所做的善意而具体的表达。例如："你的销售业绩完成得很好""你说的关于换位思考这一点对我很有帮助"，而不是"你人很好"这种空洞的好话。

你可以回想一下，当你做了一件自认为做得不错的事情时，有多大概率能得到别人正向的反馈。我们的领导、同事甚至父母，通常都比较倾向于给予批评性的建议，但是当你做得很好时，他们却不太会给予你正向的反馈。在有些行业，这种正向的反馈不光发生的概率小，而且间隔时间也比较长。想象一下，如果需要一年、两年或三年才能完成的一个项目，直到你做完以后，领导才会给你一些非常正向的评价，那你的兴趣就会在那漫长的时间里慢慢消磨完了，自然也就不会觉得这是你的职业方向了。

因此，如果你的职业符合前面提到的兴趣爱好、能力、特质和价值观这四类线索，但你并不觉得这是你长期的职业方向，那么也许换到一个能给你持续正向反馈的环境会帮助你坚定信心。

我在回顾自己寻找职业方向的整个过程时发现，其实世界上绝大部分的人，在一开始并没有所谓绝对热爱的事物，有的可能只是一点小兴趣，解决某个问题中体现出的小特长，然后拼命地去尝试各种各样的事物，在这个过程中积累可迁移的能力，发掘职业上或者个人生活中的特长。

在某些领域，你会发现你可以得到特别多、特别密集的正向反馈，于是这个领域就成为你有更大动力或者兴趣去继续投入的领域——这就形成了一个正向的循环：你越是想做，你做得就越好；你做得越好，你就会得到越多的正向反馈。在你得到更多此类反馈以后，你就有更大的动力和兴趣去把这件事做得更好，于是这件事就成为你所谓的职业方向。

我最后总结了一个公式：职业的方向 =（兴趣 + 能力 + 特质 + 价值观）× 及时与正向的反馈。也就是说，你的职业方向会是你的兴趣、能力、特质和价值观的交集点，然后你可以参考当下可供你选择的工作机会，去选择一个可以得到及时、正向反馈的环境。

如果你不清楚你的职业方向在哪里，请试着完成下面的练习。（制作成表格的话，会更直观）

1. 请列出你的兴趣爱好并排序。如果不清楚你的兴趣爱好，请回忆你印象深刻的那些经历。

2. 请列出你的能力，定义清楚你能力的应用场景和应用对象，以及能力本身的特质。比如，沟通能力需要注明针对哪类人，在什么场合，因为公开演讲的沟通能力和一对一深度沟通能力所匹配的工作是不一样的。

3. 请列出你的显著特质，如果不清楚，请回顾一下周围人对你特质的评价。

4. 请在阅读完后面“通过情绪来分析出你的价值观”的内容后，列出你的主要价值观。

5. 请列出你当下可以看到的机会，然后综合参考前面四点中的内容，去分析这些机会是否适合你。如果不适合你，你可以用哪些方法去探索新的机会或岗位？

6. 请根据 1—4 来推演，哪些工作可能会适合你。

举个例子，以下是一名学员对职业方向的简单分析。

兴趣爱好：喜欢聊天，也喜欢听别人分享故事，对心理学很感兴趣。

能力：一对一的沟通能力不错，也有比较强的分析能力。

显著特质：容易让人信赖，喜欢倾听。

价值观：帮助别人解决问题是自身价值感的重要来源。

我们可以看到他这几个方面都指向了心理咨询师行业，但如果只根据能力，我们可能会错误地得出他适合销售岗位的结论。

如果你找不出一个特别适合的职务，这可能跟你自身的阅历和知识的局限性有关，这时你可以拿着这些分析多问几个不同背景、不同行业的人，也许会有新的发现。

如何做到隔行不隔山？（应用 2）

通常，大家认为隔行如隔山。你觉得，工作几年后换行业难吗？

如果你被记忆体限制了认知，可能会认为它很困难：我没有相关能力，我没有相关的经验，或者我过去有过不成功的转行经历。

我认为，它其实并不难。在过去的15年里，我一共换了金融、咨询、游戏、人工智能和教育五大行业，没有一个和我的本科学位直接相关。这几次转换行业的背后是对打破认知限制三步骤的持续实践。在这里，我想和大家分享一下轻松换行业的秘诀。

这个秘诀就是合理利用你的可迁移能力，可以分以下几个步骤来执行。

第一步，分析出你的目标岗位需要哪些能力。

举个例子，我本科读的是工业工程。虽然我很想加入投行，但是投行需要的是具备金融专业背景的人。我怎么才能打破专业的限制进入投行呢？

首先我需要分析一下投行的招聘要求里列出的各项技能。只需在网上稍微搜索，就可以找到著名投行的招聘启事，其中会具体列出针对投行分析师的职位描述和能力要求。比如——

职位描述：

1. 协助进行针对目标公司的尽职调查以及执行交易。
2. 分析公司的财务信息并建立财务模型与估值模型。
3. 研究并监控宏观经济、行业、市场及公司的发展动态。

4. 用中文与英文撰写投资建议书及备忘录。

任职要求：

1. 本科及以上学历，拥有优秀的在校成绩。

2. 熟练运用中英文作为工作语言。

3. 擅长以 Excel 与 PowerPoint 为主的计算机操作。

4. 对于公司运营以及为投资者创造价值拥有极大的激情。

5. 人品正直，主观能动性强，关注细节，追求卓越，具有团队精神，能在高压下完成多个重任务，善于沟通，能独立完成工作。

这里明确写出的是沟通能力、独立完成工作的能力、完成多重任务的能力、抗压力、中英文表达能力，以及 Excel 和 PowerPoint 等计算机操作技能。

没有明确写出但在职位描述里有暗示的是分析能力、执行能力和信息收集能力：拥有优秀的分析能力，你才可以分析财务信息，建立估值模型；拥有执行能力，你才能有效地执行交易；拥有信息收集能力，你才能监控市场动态。

第二步是建立对自己能力和知识结构的认知。

通过对你过往经历和兴趣点的分析，找到你已经具备的初阶可迁移能力。

在加入投行所需的能力中，中英文表达能力、Excel 和 PowerPoint 等计算机操作技能我都具备，沟通能力在面试中就可以看出来，那么我就需要找到合理的案例来证明我的分析能力、执行能力和信息收集能力。

我回顾了自己在大学阶段的所有经历，把它们像简历一样一条条写出来，在每一条后面写上其对应的能力。

最后，我从里面筛选出 1—2 个可以同时体现我的分析能力、执行能力和信息收集能力，以及独立完成工作的能力和抗压力的案例，展现在简历上。

这里也需要说明一下如何在简历中更好地体现你的可迁移能力。

首先，你需要找到职位描述里的关键动词，比如“拓展”“协调”“执行”“整理”“协助”等。你要确保你的简历里也有这些关键词语的出现，这样招聘人员在看简历时可以很方便地对上关键词，你的简历被选上的概率就提高了。

其次，在描述事例时一定要对应到能力上，同时要有数据支持。比如，某商务对接的入门岗位包括以下可迁移能力：极强的共情能力和沟通能力，较高的执行力。

共情能力、沟通能力和执行力在简历上如何体现呢？

我之前看到一个人的简历上写着：学习销售业相关知识，担任置业顾问，接待顾客，引导顾客参观，介绍楼盘相关信息，促成交易，撰写日志。

这段话只是简单地描述了实习任务的性质本身，没能体现出这个职务所需要的能力，浪费了大好的素材。

通过沟通和挖掘，我把这个人简历上的这段话改写为：在担任置业顾问期间，和四十多位顾客建立了良好关系，并帮助两人成功买到房子。其中一人刚开始没有找到合意的房型，我特意跑了四五家其他楼盘，对比二十个房型后，终于促成交易。

这样，你感知对方需求的共情能力、与人建立良好关系的沟通能力、完成交易的执行能力就都很好地体现出来了。拿着这样的简历，你去应聘任何对沟通能力有要求的职务都会有优势。

有人会说，这个不能说明什么，因为销售岗位和商务岗位的要求本来就很类似，你拿着应聘销售岗位的简历去应聘商务岗位并不困难。接下来我们再来看一个理工科的学生如何在简历上体现这些能力。

这个学生在简历上写有这么一条——志愿者经历：在学校双选会获“优秀志愿者称号”。

深入挖掘后，我们改写为：对于参与双选会的十余家企业进行采访报道，报道文章获得 3000 多次阅读和 400 多次转发，提前与招聘企业沟通需求并为部分企业定制个性化宣传方案，得到企业 CEO 的好评，并获“优秀志愿者称号”。

这样修改后，是不是更好地体现了他的沟通能力、共情能力和执行能力？

所以，我们需要学会挖掘自己过去的经历，从中提炼出自己具备的可迁移能力，然后根据目标岗位所需的能力去定制化地写简历。很多时候，不同的岗位需要对应准备一份不同的简历，这样才能更好地体现出你与这个岗位的匹配性。

第三步，匹配你的可迁移能力。

首先，在简历中，我就非常刻意地突出与这些能力相关的经历，把它们放在前面，并明确使用招聘启事里类似的语句，方便招聘人员在挑选简历时注意到这些能力。

其次，在面试时，我和面试官分享了我如何做到两年半本科毕业，成绩保持在全系前三，并担任国际学生会主席等团体领导职务的多元化经历。

我读完大一后，仔细规划了我所有的课程和课外活动，把每个任务按照轻重缓急做了有效的分配和安排，并采纳了很多学长学姐的建议，有策略地安排课程，我甚至会自学某些课程并通过考试拿到学分，从而节约了大量时间来做课外活动。与此同时，我还背负着父亲患有晚期肺癌的压力。

这段经历很好地把投行职位的能力要求都覆盖了，同时也展现了我强大的学习能力，缓解了面试官对于我没有相关专业背景的担忧。

同时，我仅用一段经历就解答了面试官对于我是否具备该职位所需能力的问题，从侧面体现了我良好的沟通能力。

当然，我在面试之前也没有忘记自学很多基本的金融知识，用实际行动来打消面试官的所有顾虑。因此，我提前一年成功拿到了四份华尔街全职工作的录取信。

通过刻意练习，培养可迁移能力

有人会问：你能转行是因为你已经具备了下一个职务的能力，如果不具备下一个职务所要求的能力，该怎么办呢？

其实，绝大部分工作所要求的能力并不需要天分，不需要你多聪明，完全可以通过刻意练习来获得。

如果你有充分的时间去找下一份工作，那么你就可以花点时间来培养其所需要的能力。

比如，帮助我进入投行和咨询行业的表达沟通能力就是我后天培养的。

我是一个内向的人，在一个有很多人的场合里我会觉得特别不自在，而且我也不太知道如何和陌生人交谈。但是，我有多年理工科教育培养出来的分析和研究能力，可以帮助我学习沟通能力。

我给自己做了一个表格，列出日常沟通中最常用的问题，并且看了很多美剧，从中发掘人们聊天常用的口语和搭讪语，并把它们背下来。

准备工作做完后，再去社交场合进行刻意练习。练习方法其实很简单，就是根据对方说的话，先通过一些搭讪语来打开僵局，再从对方的回答中不断抽出你感兴趣的点，接着问下去。

比如，在画展上，你找到了你想聊天的人，你可以问："你是怎么知道这个画展的？"如果对方说："我是通过王老师才知道这个画展的。"你就可以接着问："哪位王老师啊？"

接下来你可以根据他的回答，继续找你感兴趣的点问下去。这样的好处是你可以顺着他的内容不断地提问，从而很流畅地完成很久的对话。因为是你感兴趣的点，你会很真诚地表现出对对方的兴趣，在对话结束以后，对方还会对你很感兴趣，因为他觉得自己的很多叙述被你很好地理解了。

这个方法对内向者其实特别适用，很多时候，内向的人会觉得讲很多话是件很费力气的事情，但是用了这个方法以后，你可以很轻松地和别人聊上一两个小时。更开心的是，对方会因此对你产生深刻的印象和好感，从而建立起信任基础。

因此，当我很快地打消投行面试官对于我能力的担忧后，就可以用剩下的面试时间愉快地陪他聊天。这样非常有助于培养他对我的好感，并能让他印象深刻。

曾经有一次，一家非常有名的集团的老板对我进行面试，整个面试过程基本都是我在听他讲欧洲历史，从中我学到了很多欧洲历史知识，而他也聊得非常愉快。最后我成为这家集团在全球招纳的两名管培生中的一员。这也是良好的沟通能力带来的结果。

共情能力也可以通过刻意练习来培养。比如我有一个朋友，他是工程师，想转行做销售。他运用了我们之前讲授的技巧，首先在招聘网站上收集销售岗位所需要的可迁移能力。

通过搜集和整理，他发现销售岗位虽然种类繁多，有广告销售、产品销售、理财销售、房产销售等，但所需要具备的基本能力相通。于是他分析了自己过往的经历，总结出自己喜欢的是互联网和广告行业。

接下来，他对几家互联网公司广告销售的招聘信息进行了详细分析，发现这个岗位需要负责的是客户开发、谈判、签约一类的工作。

经过总结，他归纳出销售岗位需要的可迁移能力有共情能力、沟通能力、观察能力、项目管理能力和逻辑分析能力。作为工程师，他也经常跨部门协作，因此具备后面几个能力，但是缺乏的是销售岗位最需要的共情能力。

他想了很久，也阅读了很多相关的书籍，最后在一本书里获得了灵感。书里提到作者运用共情能力去帮助收留所儿童缓解情感需求的故事。

的确，最容易用到共情能力的一个场景就是和孩子们相处。

于是他在网上查了一些相关机构的信息，最后选择参加了一些帮助留守儿童的活动，通过讲故事、参加夏令营等方式给这些留守儿童以更好的陪伴。

在帮助这些儿童的过程中，他需要非常耐心地去倾听他们的需求，共情他们的孤独和各种情绪，如此一来，在书中学习到的技巧也可以在日常生活中得到应用。

通过一年多的努力，他有针对性地提高了自己的共情能力，并在后来的面试中通过换位思考打动面试官，最终拿到了这份销售工作。后来他还因为表现出色，被评为金牌销售。

毕竟，如果你可以搞定很叛逆的孩子，那搞定一个成熟的成年人也就不那么困难了。

用可迁移能力补足行业经验的不足

有时候，一个职务需要的更多是经验，而不只是能力，那该怎么办呢？

我在就读商学院时，想转行做游戏公司的产品经理，可是我只有咨询和金融行业的背景。当我分析了产品经理的必备能力之后，我发现除了分析能力、表达能力、沟通能力、执行能力、项目管理能力等可迁移能力外，几乎所有的工作都要求游戏行业的相关经历或者对游戏本质的深刻理解。

我没有游戏行业的相关经验，那么只能靠对游戏本质的理解了。

对游戏本质的深刻理解该怎么获得呢？依然是运用已具备的可迁移能力来进行刻意练习。

我花了大量的时间打游戏，但是我不是盲目地玩。打游戏是我通过学习能力和分析能力设计的一条快速成为游戏设计师的路径。

我会玩同类型不同质量的游戏，而且都要玩到高级玩家的水平，去体会游戏的平衡性的好坏。我阅读了好几本专门讲游戏设计的书籍，然后用自己实际的游戏体验去验证。我会比较不同游戏环节、关卡，甚至人物、背景和动作设计的好坏。在这个过程中，我不断思考哪些设计是可以被借鉴来提升游戏品质的，并且做了大量笔记。

最后，我在准备面试时做了一个针对这家公司主打游戏的详尽分析报告，其中针对该游戏的两个弱点提出了创意解决方案，最终打动了面试官。

因此，在做能力匹配时，如果你来不及培养相关的能力，你也可以突出展现你已经具备的能力在这个领域的应用，用你的长板打动招聘官。

其实，除了直接跳槽，升职也是一种变化职务的好方法，尤其是从技术岗或执行岗升为管理岗，这本身就是职能的转换。因此，我们也需要看一下如何更顺利地升职。

用可迁移能力实现升职

从职场新人升级为经理等管理职位，就像其名称一样，最大的转变是你需要具备中阶的可迁移能力，尤其是管理能力和领导能力。

那么，如何用可迁移能力实现升职呢？

我们来看一下红杉资本中国基金的两个职位介绍，其中，投资经理是投资分析师升职后的岗位。

> 红杉资本中国基金投资分析师：
>
> 深入研究部分新兴行业的动态和趋势，完成信息数据

收集和分析。

发掘潜在创业者与投资机会，支持投资人对项目进行投资价值分析、可行性分析和论证。

协助投资人跟进项目并进行必要支持。

红杉资本中国基金投资经理：

参与投资交易所有步骤，包括项目搜寻与分析、财务模型建立、背景调查、投资谈判和文件起草。

独立带领团队在个别领域深入研究并寻找投资机会。

监测投资行业动向与被投公司财政状况，并协助管理层进行季度审核。

第一步，我们来拆解一下投资分析师和投资经理这两个岗位的能力要求。

作为投资分析师，做得更多的是行业研究、数据分析、投资价值分析这样比较具体的工作。这些工作能力较为单一，都比较偏向分析能力和推理能力。

而作为投资经理，则更多地承担着带领分析师（团队）和项目管理的职责。举个例子，当拿到一个投资项目后，投资经理需要经历设定流程—分配任务—传递职责—统筹更新等项目管理的步骤拆分，每一个步骤都可能要求多个可迁移能力的支持。就拿设定流程来说，投资经理首先要判断项目是否符合公司投资需求，考虑项目的难点和实现路径，选择合适的团队成员，进行对上对下对外的同时沟通，这需要投资经理有较强的管理能力和领导能力，这些都是我们之前提到的中阶可迁移能力。

当我们拆解能力要求后，就可以发现我们从投资分析师升级为投资经理的必备能力和潜在的提升途径了。

想象一下，你通过一两年的学习与合作，成为一名合格的投资分析师，不仅拥有了自己擅长的分析领域，形成了自己的一套比较完备的投资方法论，验证了自己的系统搭建能力，还获得了识人用人的洞察力，让别人愿意听从你的沟通表达能力，以及抓住问题本质并分配解决问题的执行力。

同时，你了解团队内不同成员的擅长领域，可以按照项目需求进行分工安排，还能在恰当的时机和老板交流心得和观点。比如，“小张对教育行业有深刻理解，而且财务建模能力很强，适合在这个项目中担当起主要职责。小王熟识外部多位理财顾问，后续可以帮助对接更多融资机会”。你的老板听了这些话，将不再怀疑你晋升至投资经理的可能性。

如果你从入职前就定下目标，在工作中有意识地培养下一个职务所需的可迁移能力，那么每一段不同的经历都将让你的能力不断地得到提升和内化。最终量变带来质变，你具备了更复杂的可迁移能力，自然而然地符合下一阶职位的需要。

史蒂夫·乔布斯曾说：“你要相信在未来的某一刻，你生命中每一段经历会连点成线。”

留心培养每一种可迁移能力，你就能在未来某一天随心所欲地转换跑道，因为你拥有一条能力主线来支撑和帮助你完成这些转换。

小结

1. 打破认知限制的三个步骤：

通过深刻的体验从“无意识无能力”的状态变为“有意识无能力”的状态；

通过透彻的思考从“有意识无能力”的状态变为“有意识有能力”的状态；

通过持续的实践从“有意识有能力”的状态变为“无意识有能力”的状态。

2. 深刻的体验，其实就是抓住生活给你的每一段经历去成长：

在遇到困难时不逃避，敢于去面对它、分析它，从而了解自己的盲点和认知误区。

在日常生活中，不麻木地对待生活，从小事中也能有所体悟，这样才可以持续不断地对自己的状态保持觉察。

在过于舒适或者顺利时，有意识地给自己添加点挑战，测试一下自己状态的灵活性和适应性。

3. 逻辑思维是任何思维方法的基础，而逻辑思维的基石是演绎法和归纳法。

演绎法能否做到逻辑自洽就看两点：

（1）前提是否正确；

（2）过程是否合法。

归纳法能否做到逻辑自洽要看：

（1）用于归纳的例子是否有说服力；

（2）例子是否具有普遍性；

（3）是否只提及支持自己观点而忽略不支持自己观点的案例。

4. 追问法是揪着一件事情不断地问为什么。

5. 切分法是把一种信念、观点、情绪里的不同元素切割开来，然后确保其中的每个要素都具备精准性、相关性、合理性及真实性。

6. 精进五要素：

设立清晰的目标；

运用已经被验证的提升方法论；

进行超出当下能力范围的练习；

全力投入；

用及时的反馈来助力。

7. 职业方向 =（兴趣 + 能力 + 特质 + 价值观）× 及时与正向的反馈。

学会分析和总结你的可迁移能力，并在职场中有意识地培养下一个阶段需要的相关能力，以帮助你升职或转行。

3

摆脱你的情绪体
（破圈法则一）

聊到情绪和情绪体，大家首先想到的可能是一些负面事件，甚至是极端事件。比如：

华信信托董事长“锤击”女总经理，究竟是何仇何怨？

游族董事长疑被同事毒死，为何从合作到投毒？

这些让人唏嘘的新闻背后是情绪体的作用，当事人无法从习惯性的情绪模式中走出来，使情绪日积月累，最后导致悲剧。

情绪体并不是单一的情绪爆发，而是有规律可循的重复性情绪模式。

比如，老张一怒之下不再续签几千万的合同，因为客户反复提出在他看来过于挑剔的条件，他盛怒之下的决定严重影响了公司的收入。而老张在年轻时，曾经因老板一直要求加班但做的工作却是来回反复而无法忍受，在没有和任何人沟通的情况下提出了离职，然后发现工作并不好找，花了近一年才再次上班。

比如，小王着急带着母亲去医院看预约好的一位专家，由于车速过快而被交警拦下，他担心错过预约和交警争执起来，最后被开了罚单。还有一次，小王出门遛狗时，邻居的狗把他的狗咬了，虽然对方愿意赔款，但小王太心疼小狗了，要求对方必须公开在小区的群里道歉，结果邻居生气了，扔下钱后走了，原本不错的邻里关系也断绝了。

在这两个案例里，我们可以看到老张和小王的情绪爆发是有迹可循的。老张似乎在遇到看似反复无常的情况时就容易产生情绪，而小王则是当自己在乎的对象遇到问题时容易爆发情绪。如果我们能在平时就发掘并摆脱情绪体，就可以避免在关键时刻因为这些惯性的情绪模式导致的恶性结果。

要做到这一点，我们就要时刻观察情绪的变化，及时识别某种熟悉情绪的出现（情绪察觉，熟悉的情绪说明它可能是一种惯性的情绪模式），并调控自己的情绪，使它能在恰当时以恰当的程度表现出来。这方面的内容，我会在“掌控不了情绪是因为你不懂察觉”里进行深入探讨。

沟通永远是双向的，除了发掘自己的情绪扳机，我们可能也会受到他人情绪体的不良影响。如果我们能够通过细微的信号敏感地感受到他人的需求、欲望和情绪（情绪感知），我们就具备了和他人正常交往、实现顺利沟通的基础。另外，当我们了解他人情绪的状态后，也需要学会处理他人情绪反应的技巧（情绪处理）。在“理性解决不了的问题，共情的技巧可以”里，我会讲述这两方面的技巧。

真正好的关系是当这份关系变坏后，你有充分的自信和能力把它修复好。因此，当你学会情绪感知和情绪处理后，你就能顺利地处理棘手的人际关系，从而培养出对这些关系的自信。

情绪体也很容易被误用，导致和他人关系上的问题。比如，有的人认为打是亲，骂是爱，只有和亲近的人才能没有顾虑地发泄情绪，结果让周围的人压力极大。这背后是对于好的关系应该是什么样子的信念在作怪，等大家阅读完“击穿你的信念体（破圈法则三）”后，就可以找到解决方法了。

虽然我们之前讲的都是情绪体不好的方面，但情绪其实也是一种强大驱动力的来源，在它的驱动下，我们会做出一些平时在理性状态下做不到的事情。有的人在失恋后很痛苦，于是把这种痛苦转化为工作上的动力；有的人遇到与金钱相关的问题就特别容易焦虑，结果就更有动力去努力赚钱。

如果我们辩证地去看待情绪体，会发现情绪体其实是探求内在认知的一个窗口：情绪体揭露了我们在意的东西是什么，我们恐惧、担忧、焦虑的来源在哪里。因此我们可以通过对情绪体的分析，引出自我认知里非常重要的一个概念，就是在前面“如何找到自己终身的职业方向？（应用 1）”里提到的广义价值观。

掌控不了情绪是因为你不懂察觉

要解决情绪体对你的掌控，你首先要能注意到它的存在，这就是情绪察觉的能力。

情绪察觉

每个人都具备体会自己情绪的能力，但是为什么很多人不去察觉自己的情绪呢？通常有以下几种原因。

1. 不太了解当下的感受是什么，或者没有办法命名它。如果是这种情况，你可以通过外部反馈来学习觉察，找到身边一些对感知比较敏锐的人，和他们分享一些让你产生情绪的事件，然后请他们帮你命名当时出现的情绪，时间久了你会慢慢学习到内在感受的名称。

2. 认为表达情绪会犯错。这种情况包含三种可能性：一是因为社会文化或是外在的一些压力，从而觉得表达感受是错误的、不被允许的；二是当你表达感受后，会担忧引起对方更加不好的反应，觉得自己做错了；三是你可能会错误地表达自己的情绪，从而造成不好的后果。

第一种可能性的解决方式是仔细分析你的社会角色和你的社会认同,通过剔除一些不必要的期望而减轻你的压力,可以参考后面“你是听自己的还是听社会的？”的内容。

第二种可能性则源自我们之前讨论的“情绪的三座山峰”，读者可以参考这部分内容。

第三种情况则需要更好地掌握情绪的表达，可以参考后面“理性解决不了的问题，共情的技巧可以”里的一些共情技巧。

3. 很多人会认为既然事情已经过去了，再将其翻出来没有必要。其实在人际交往中，你并不能真实而准确地了解对方的状态到底如何，他的情绪是否真的过去了。另外，压抑你的情绪无助于维持或增进彼此的关系，更不用说对你生理和心理的影响了。时间长了，压抑情绪反而会慢慢破坏你们的关系。所以，如果有一些过去了的事情依然重复地在你脑海里浮现，那就是时候去认真面对并解决它了。

4. 表达情绪会让人觉得自己很脆弱。这其实是很多人经常会有的一个认知误区。在《活出感性》这本书里,作者讲述了脆弱的力量,也提到脆弱能帮助大家减轻表达情绪时可能产生的心理压力。在我的课上，很多人会哭泣，包括年纪较大的男性，这些人往往会发现，他们哭泣后反而能得到更多的理解和尊重，因为他们有勇气表达自己真实的情绪，而这和脆弱没有关系。

5. 很多人希望自己表现得理性、冷静、清醒。这背后承载的是我们给自己立的人设，甚至有时候还有他人对我们的期望。要打破这种人设，你需要对自己的人设做一个分析，甚至破除自己一些不合适的信念体,可以参考第5章“你是为自己而活,还是为人设而活？”里的内容；对于他人对你的期望，你可以直接去找他们，了解他们的期望到底是什么，也许有很多期望只是你自己假设出来的。

我教过一个学生，她总以为父亲期望她出人头地，于是长年在外面打拼，直到父亲得了重病她才回去探望。父亲在临终时才说，他其实一直希望女儿可以陪在他身边，而不是长期在外面打拼，但是为了支持女儿的梦想所以一直忍着。她这才发现是自己误解了父亲，以致错过了很多次可以陪伴父亲的机会。

当你针对以上五种原因一一分析并练习后，你会发现表达情绪不是那么困难了。

情绪调控

有一次我乘坐出租车，发现车内的导航仪屏幕碎了。司机告诉我说是他生气的时候自己砸碎的，他经常会因为一些事情生气，但因为不能对别人发泄，所以就拿车出气。

这本质上是情绪调控的不足。对待痛苦，人们通常有三种办法：麻木、逃避和对抗。但这些做法对调控情绪不一定能起到好的效果，你可以尝试以下几种方法来调控情绪。

1. 数数。这个方法对平息愤怒特别有效。人一旦愤怒起来，可能就无法控制自己的行为，进而导致极其不好的事情发生。当你感到愤怒时，可以在心中默默地从一数到十，任凭再强烈的怒火在数数这段时间里都基本上能够平息。如果数完你还是很生气，你可以先离开那个场合，等心情平静下来再说。

2. 情景转移。很多人在有情绪时会让自己做些转移注意力的事情，比如看视频、打游戏等。你可以列一个清单，写下能让你开心的事情，比如看搞笑的电视剧、看有趣的图片和阅读文章等。为此你可以在手机或电脑里建个收藏夹，存一些这方面的资源，当你心情不好时就直接打开这个收藏夹选些东西看看，你会发现原先的那些负面情绪慢慢就消失了。这是通过情景转移来完成对情绪的控制，其好处是和数数一样起效快，但是从长远角度来看，如果有重复的情绪模式（情绪体）在其中，情景转移并不能从根本上解决情绪问题。

3. 旁观者视角。这个方法的前提是刻意给自己灌输从情绪中抽离出来的能力。比如每天对自己做一些正向的自我暗示和提醒，告诉自己“如果我有情绪，就用另一个人的视角来看待我，这时我会看到什么”。重复做这种自我暗示后，当你有情绪时，你形成的思维模式就会提示你去采用旁观者的视角来看待在情绪中的自己。

当以第三方视角去看待在情绪中的自己时，每个人的发现都不太一样：有的人会看到自己愤怒时就像是一个小火球，不但烧伤了别人，也烧伤了自己；有的人会发现自己就像一个喋喋不休的老太婆，不断产生负面想法，停不下来。无论是哪一类发现，都有助于你从情绪中抽离出来，更快地进入一个平静的状态。

旁观者视角的高阶技巧叫不加评判地接纳。当你用第三方的视角去观察自己内在强烈的情绪时，不要给自己贴任何带有批判性的标签或说任何带有评价性的话语。

如何不带批判性呢？你可以反复告诉自己：

我现在感到愤怒，这很正常。

我感到愤怒，这很正常。

我接纳我现在的愤怒。

这些重复的语句看似简单，却能有效地防止更多负面思想进入你的大脑，从而停止诱发更多的负面情绪。需要注意的是，在不加批判地接纳的过程中，你可能会觉得时间极其漫长。但是当你坚持做下去时，你会发现在某一刹那，那个让你十分难受的负面情绪会突然消失得无影无踪，这时你会感到一种从未有过的奇妙轻松感。

一个研究表明，没有单一的情绪可以在人体内停留超过 90 秒。但是为什么很多人一生气就停不下来呢？这是因为他会不断地去回忆更多让自己更生气的经历，这些经历又促成更多的情绪，就好像一个连环爆炸的炸弹一样，一环扣一环。而杜绝评判，就可以杜绝负面思想一再产生，从而结束这个负面循环。

4. 发现并处理自己的情绪扳机。这是一种更加彻底的调控情绪的方式，因为它能从情绪产生的深层原因来解决情绪问题，对调整情绪体或者是惯性情绪模式尤其有效。

所谓情绪扳机，就是指一些会让你莫名其妙地产生情绪的敏感词语、句子或者行为。这些情绪是由这些敏感的话语或者行为引起的，实际上和做出这些行为、说出这些话的人没有很大的相关性。一个人之所以会产生那么大的情绪，与过往的一些记忆深刻的负面经历和这些话语或者行为有关，于是这些话语或行为就成为负面经历的代名词，我们把它叫作情绪扳机，就好像你的手枪上了子弹，别人一扣动扳机，这个子弹就会直接出膛。

我教过一个学生，她是一个离异的母亲。在一次课上，当别人分享自己工作上的成就时，她突然愤怒了。后来我们才知道，因为她当年在家做全职太太时受尽了白眼，时间长了，“工作”这个词就成为她的一个情绪扳机。

情绪扳机背后，是你的内在自我对某一创伤的反抗，是它不愿意接纳这个创伤所暗示的你的特质。就好像那个离异母亲，她不愿意接纳自己因为没有工作而受到别人的冷落和鄙视，因此对“工作”这个词语会有强烈的反抗情绪。

你发现自己的情绪扳机时，正是你调整自我认知的好机会。

情绪扳机可以通过刻意练习去慢慢化解。

你首先需要做的是发现你的情绪扳机。

请你回忆一下，自己过去在什么情况下会无缘无故地产生情绪或反应过激。请把这些情形全都记录下来，然后梳理一下这些记录，看一下里面有没有重复出现的关键词、关键动作或关键场景。我曾经有一个情绪扳机是关于连续迟到的。当我由于某些原因在参加一个会议时迟到后，通常在第二次会议上我也会迟到，然后我就会陷入一种极其负面的自我谴责状态。这种连续迟到的情形，就是我的一个情绪扳机。

接下来，请你分析一下这些情绪扳机背后展现的是哪些你受到创伤的特质或不愿意接纳的自己。对那个离异母亲来说，她不愿意接纳的是关于自己是一个没有价值的人的评价。对我来说，不愿意接纳的是我迟到后给人留下的不好印象。

接着，你可以用切分法来分析一下这些观点是否成立。迟到并不能证明我工作能力有问题。同样地，没有工作也不能证明那个离异母亲没有价值，我们需要把人为建立的这两者之间的关联性给拆解掉。

拆解的方式是，当你找到这些情绪扳机和它背后反映的特质之后，列出若干反驳这些关联性的理由——

想法：迟到很糟糕。

反驳：迟到就只是迟到，并不表示我没有能力做好这份工作。

想法：我的人生没有价值。

反驳：我的价值体现在很多方面，比如我喜欢帮助别人。

然后你需要做的就是不断地提醒自己这些反驳的理由。比如，每天早上把写下的这些正向话语朗读一遍。当下次碰到情绪扳机时，努力回忆这些正向的话语。慢慢地，你会发现你对情绪扳机的反应越来越趋于正常，这是因为这些正向话语会随着刻意的重复提醒（持续的实践）深入你的潜意识，切断了情绪扳机造成连锁负面情绪的机制。

这个方法体现了包含定义、反驳、重塑等步骤的切分法在摆脱情绪体上的重要应用。

5. 找他人疏导。你需要有几段比较值得信任的关系，可以让你放心地去抒发个人情绪而不用担心后果。你也可以请他们帮你发掘你的情绪体，或者帮你改正这些习惯性的情绪模式。具体的方法可以参考“把认知内化为能力的高手会做这样的实践”里关于他人反馈的内容。

我有一个学生，常常会陷入极度的自责。有一次，他的一个朋友把一件他不想很多人知道的事情泄露了出去，于是他就带着情绪联系了这个朋友。他的朋友较好地接纳了他的愤怒。在表达完自己的愤怒之后，他却陷入了深深的自责，觉得这个朋友一直特别关心他，也帮助过他，他不应该因为这件事情就对这个朋友发火，同时也担心自己的情绪让对方受到伤害，影响彼此的友谊。

我当时给他讲了一个故事，故事的结论是，与其在表达完情绪之后陷入深深的自责，不如在表达前就去做一个分析：对方的意图是什么？我这么做会产生什么后果？如果对方并没有伤害你的意图，那么这个情绪是否需要以这种方式表达出来？如果你的意图是伤害别人，那你可以用道德标准衡量一下是否应该这么做。如果只是为了发泄，那么除了直接表达情绪这个方式，你还可以告诉对方其行为对你的影响，让对方知道你情绪的来源，从而找到化解情绪的方法。

这是一个简单的道理，可是对我那个学生来说，这是他这么多年来从来没有思考过的问题，他很兴奋自己能打破一个习惯性的模式。

他以前的模式是，在表达完情绪后会陷入自责，怪自己怎么没有控制好情绪，担心这种情绪宣泄会伤害他和对方的关系，伤害关心自己的人。这个过程就有很大的内耗。

他现在的新模式是，有情绪后先数 1、2、3……等情绪平息后做效果分析，然后再表达。这就是一个提前的预防机制，与其在事情结束后自责，不如在事情开始之前把用于自责的内耗变为对自己情绪的梳理、分析和接纳。

这个道理很简单，当我跟这个学生讲完以后，我突然意识到自己也有跟他类似的情绪模式。但是当我碰到类似的事情时，却没有这么思考过，可见一个人身上的惯性思维模式和行为模式是多么根深蒂固。

控制情绪通常是一个漫长的过程，你可能会经历很多的反复。我对情绪的控制经历了好几个阶段。

第一个阶段：不控制，不加分析地发泄。这样做的结果很糟糕，我只能自己承担。

第二个阶段：试图短期控制抵抗。初期也许有用，但后来发现一些短期的手段再也不起作用了。

第三个阶段：试图接纳它，从而获得心境的平和。这个接纳的过程其实不是那么顺利，我基本上重塑了自己的人生观，也尝试通过禅修、冥想等方法来辅助。有时候我似乎接纳了情绪，有时候似乎又不能接纳，反而可能出现更多的情绪。最后我发现，如果我能看到学会控制情绪本身就是一个漫长的过程，那么就能减少很多对自己的批评和谴责，产生不必要的情绪，这样反而让我更容易掌控情绪了。

接纳是无条件的接受，带着自我批判是无法做到真正接纳的。

让我们对自己的情绪体多点耐心。

理性解决不了的问题，共情的技巧可以

这是一个真实案例。

很多年前，一艘大船滞留在江中四个多小时，打乱了船上游客的游览计划，于是愤怒的游客们找到旅行社的负责人，要求退回所有费用。旅行社的负责人拒绝了他们的要求，理由是大船滞留在江中的主要原因其实是在等候搁浅在礁石上的小船上的游客，这个责任不应该由旅行社来负，而应由拖船公司来承担。很可惜的是，这个负责人没能很好地处理游客的愤怒情绪，只是反复强调公平性和不可抗力，这在游客看来就是黑心商家的托词。愤怒的游客又向报社投诉,后来这起纠纷还上诉到了法庭。虽然这家旅行社最后胜诉了，但是因为打官司而元气大伤，不久就倒闭了。

放在今天来看，这个负责人可能就是我们所说的“钢铁直男”，只知道一味地跟人讲道理，却无法感知和共情他人的情绪。

很多男性处理情绪的方式是理性地去解决问题，但是人在情绪激动时根本无法接受理性的处理方式，需要的是被倾听、被理解、被共情，或者说需要感性的互动。很多人因为不知道如何去真正地倾听和共情，就选择了自己最熟悉的情绪处理方式，一味地忍让或一味地讲道理，结果收效甚微。

如果你是个无法感知他人情绪的直男，你在处理情绪化的场景或危机时就存在局限。如果你具备了共情能力，无论是解决同事间的纠纷、安抚生气的客户，还是安慰伤心的朋友，你都可以得心应手，从而变成人际交往高手。

怎么做到这一点呢？我把它分成两个步骤：学会感知他人的感受，学会共情他人的感受。

学会感知他人的感受

感知他人的情绪和感知他人的感受是不同的。一个人外露的情绪不一定就是他内在真实的感受。

感受指的是人因为外在刺激而出现的一些内在状态上的变化，其中包括一些生物性的变化，比如血压升高、肾上腺激素分泌增加等。

情绪是内在状态的外在表现，如一个人的表情、话语、肢体动作等。有些内在状态的变化不一定会以某种情绪外露出来，比如紧张可能导致心跳加快，但不一定会反应在表情上。有些人可能内在的感受是一种，表达出来的情绪却是另一种。

比如，如果一个人成长的环境允许他哭泣，但是不允许他有任何愤怒的行为表现，那么很有可能即便内心很愤怒，他也只会用哭泣来表达。如果有人从小被允许去表达愤怒但不被允许哭泣，那当他悲伤时很有可能依然会以一种非常愤怒的方式表现出来。还有的人可能从小被管教说不能有任何极端的情绪，那么即便他很悲伤或者难受，也可能表现得很平静。这三个人如果在一起，因为情绪表达跟内在真实感受不一致，他们在解读彼此真实感受时就会很困难。

受到外在刺激时，大脑为了节约能耗会自动选择最熟悉的表现模式，时间一久，这就成为人们最习惯的情绪表达模式。

因此，如果要提升你对情绪的感知力，当你观察到对方的情绪时，最好是诚恳地向对方求证一下，他是否具有你猜测的情绪，这样有助于提升你对情绪辨识的准确性。

比如，你和你的朋友吵架时，他突然不说话了，这时他的情绪可能是愤怒，可能是委屈，可能是压抑，可能是伤心，也可能是憎恨。但是由于过去经历的影响，你可能会把他的这种表现自动关联到某种情绪，并采取对应的解决方式。事实上，对有些人来说，不说话可能是委屈的表现，而对另一些人来说，不说话可能是悲痛的表现。如果你只是基于过去的情形而猜测他是愤怒，却没有感知他真实的情绪，那你的处理方式就会有问题，会让你们的争吵进一步升级。

如果对方不善于觉察情绪和感受，可以让他参考前面“情绪察觉”的内容。

学会共情他人的感受

有人可能会觉得，如果我能够感知对方的真实感受，不就共情了吗？

其实共情是否成功是需要对方定义的，只有对方感知到你理解他，你才算共情成功。不少人在和朋友、家人闲聊时，当对方噼里啪啦说了一通后，他们虽然明白对方的观点或情绪，却实在不知该如何回应，这就称不上共情。在沟通中，哪怕你理解了对方，如果不能及时有效地给予反馈，在对方看来你就是不够理解他。有效沟通其实就是共情的一种体现。

共情需要经过一些思考后做出回应。它不是同情心，同情心是指对他人的苦难和不幸产生关怀、理解的情感反应。狭义的同情常常会把“我是弱者”的感受带给对方，这样会有姿态的高低，对方就不太容易接受。

共情能力也不是简单地对别人说“我能理解”，而是要求你花时间深入了解对方的情况，并帮助对方化解他的感受，这样才能做到真正的感同身受。

为什么很多人都不太会共情呢?

首先,很多人处在压力之下,而压力容易影响人的注意力和情绪,让我们不能准确地理解他人，或没有时间去理解他人。其次，在传统文化的影响下，我们会习惯性地以严格要求来表达爱和关怀：我爱你，所以我会对你有要求和期望。因此，当你有情绪时我会习惯性地提供建议和意见,而不是去感同身受,自然也就很难做到共情了。最后，受我们成长环境和后来经历的限制，不是所有人都能经常练习共情能力，不练习，共情能力就会慢慢退化。

好在通过一定的训练，共情能力还是可以被培养出来的。它就像肌肉一样，不练会萎缩，但是重新开始练习后又会变得强壮。我以前是个非常理性的人，通过对共情能力运作机制的了解，加上不断练习，在这方面提升了不少。

如果你好奇自己的共情能力有多高，这里有个小测试，你可以自己评估一下。

对下面每道题目，请你选择“是”或者“否”来回答。

1. 我能和朋友进行深入交流。

2. 我帮助别人时，并没有什么感觉。

3. 当人们谈论情绪问题时，我并没有感觉不舒服。

4. 我不觉得我一定要做正确的事情。

5. 我很享受把时间奉献给其他人。

6. 我经常觉得我错过了别人的暗示。

7. 我认为我得到的应该比付出的要多。

8. 我经常被人评价说很固执。

9. 我觉得我更容易向我的宠物表达关心，向人表达关心要困难些。

10. 当我与别人的关系变得亲密时，我会感觉不适。

11. 比起诉说，我更喜欢倾听。

12. 我经常被人评价说很好相处。

得分说明：

当你对于问题 1、3、4、5、11、12 的回答为“是”时，每个得 1 分。当你对于问题 2、6、7、8、9、10 的回答为“否”时，每个得 1 分。

计算一下你的得分。

10—12 分：共情能力高。

6—9 分：共情能力中等。

0—5 分：共情能力低。

如果测试下来，你的共情能力并不高，不要着急。下面是六个帮助你提升共情能力的动作技巧。

第一个动作技巧是“重复”。很多人会以为“重复”是原封不动地复述对方说的某一句话或某一个词。其实不是。那么，当对方向你倾诉后，你需要重复些什么呢?

其实，“重复”这个动作并不难做到，它需要的就是我们小时候语文课上老师经常要我们做的“概括全文”的能力，即用一两句话来总结一下对方说了什么。

比如，你的发小刚加入一家公司不久就和同事出现了一些摩擦，因此来找你倾诉：“我刚进这家公司时，小丽对我特别好，我们经常一起去吃饭，平时也会聊聊天。但是现在有一个项目需要甄选负责人，老板觉得我们两个都挺合适的。之后我就觉得她好像开始疏远我，还天天跑老板办公室，不知道是不是去争取项目了。有人说，我也可以像她那样在背后做些小动作，但我不是这样的人，所以我什么也没有做。果然，她最后做了那个项目的负责人。枉费我之前对她那么好，职场上真是不能相信友谊！”

试想，如果这时候你重复的内容是“你们过去关系很好”或“她现在疏远你了”，显然都没有抓住核心内容。你可以说：“你的意思是说，你和这个小丽之前关系很好，但是现在由于某些原因，你猜可能和竞选项目负责人有关，所以你们关系疏远了，对吗？”这段复述是基于对整个事情经过的理解而做的概括，这种抓住核心要点的复述即被称为“重复”。

做“重复”这个动作时，我们可以用“你是说……对吗？”“你的意思是……对吗？”“你刚才想表达的是……对吗？”这类表达。它的目的是让对方感受到他们输出的信息被我们有效地接收到了。与此同时，我们也能通过概括复述来确保我们接收到的信息是正确的，因为概括能让对方发现你理解上的偏差，及时加以纠正。这样一来，便确保了双方的对话是基于同样的事实或观点，这样后续的沟通才能够顺利开展。

第二个动作技巧是“表达你理解到对方的观点”。和他人共情时，在“重复”完核心事件后，我们可以进一步表达我们理解了对方想表达的观点。同样一件事情，每个人都会根据个人的过往经历、价值观等产生不同的观点。需要注意的是，这里的观点并非我们自己的观点，而是我们通过倾听从对话中抓取的对方的观点。这就需要我们根据对方的表达，尽可能设身处地地去揣测他的观点，哪怕那个观点你并不认同。

以上一个例子来说，我们该如何提取对方的观点呢？

通过对方的叙述，我们可以推测出她的观点是她的同事为了竞争职务而在背后做了手脚。有的人可能直接会说“这个同事太差劲了”。如果对方还在意和同事的友谊，这样的反馈其实会让她不好受。

因此在做这个动作时，我们需要说明这个观点是我们推测总结得出的，并非对方直接表达的。一种好的方法是询问对方我们总结的观点是否准确。比如你可以问对方：“你是觉得同事为了这个职务背叛了友谊吗？”如果你是猜测，也可以补充一句“当然，我可能猜得不对”。这样对方也不会觉得被冒犯了，反而可以顺着你的问句说下去。如果你刚好说中了，她会感到被理解了，你们之间就产生了共情。

当对方可能带有情绪时，这个动作技巧还可以延展到更深层次——表达你理解到了对方的感受。这时我们不仅要总结事实和推测观点，还要找到对方在陈述中可能期望表达的感受，就是通过对方的观点推导出对方的感受。我们可以追加一句：“你是否觉得很愤怒呢？”如果对方刚好有这种情绪，就会觉得你与她共情了，这时她可能会说：“是的，我真的是挺生气的。”对方的情绪就可以得到发泄，从而更快地平静下来，甚至会跟你分享和倾诉更多。

如果我们不想直接去猜测对方的情绪，我们可以用共情的第三个和第四个动作技巧:“表达自己的情绪感受”和“询问对方的感受”。

表达情绪和感受是共情中十分重要的一环，当我们向对方坦露情绪后，对方可以直观地体会到你不仅仅是在听她讲，还与她更进一步地有了情感上的联结。

在上面的例子里，当听完对方的话并感到对方有不满情绪时，有些人的第一反应是理性地去安抚说：“职场上本来就没有友谊，这太正常了，有啥想不开的呢？”这样的语句会让对方觉得自己的感受没有被接受，似乎是在说她太天真、太不成熟了。在这种情况下，对方容易站到你的对立面，这样后续的沟通就可能会有障碍。

其实我们可以真诚地向对方表达我们的感受，比如“听完你的叙述，我感到有点难过，也替你感到气愤”。这样对方会觉得你和她是站在一边的，而且你关心她。

但是很多偏理性思考的人可能会有一种习惯，就是遇到问题的第一反应是想把事情解释清楚，觉得只有解释清楚才能解决问题。这种习惯在对方没有情绪的情况下是管用的，但是在对方有情绪的情况下，可能只会让对方更加烦躁，觉得自己不被理解。这种人需要练习在感觉到对方有情绪的情况下，抑制自己解释的冲动，表达自己的感受。

“询问对方感受”是指说完了自己的感受之后，进一步问问对方感受如何。比如，“说出来之后你现在感觉怎么样？”“你现在感觉还好吗？说出来会不会稍微轻松一些？”

待对方表达完感受之后，我们可以进一步提一些开放性的问题，让对话能够延展下去。比如，如果对方回应道：“跟你讲完之后确实轻松了一些，但心里还是有点担心，不知道以后还怎么在公司里天天见面。”这时你可以借这个话题继续提问：“也许她还是在意你的感受，她有没有来找过你呢？”“现在在公司里遇到你，她是什么反应呢？”提出的问题最好是开放性的，而非用“是或不是”就能够回答的问题。这样一来，对方自然会吐露更多，我们相应地也能得到更多信息。一来一去，共情就不那么困难了。

有些人平时不太能够感知自己当下的感受，因此在“表达自己的情绪感受”上会有困难，这时可以直接跳到“询问对方的感受”上。即使你不表达自己的感受，你对对方感受的关注也会让对方感受到你的关心，从而产生共情。

第五个动作技巧是“分享类似经历”。在一次好的沟通中，双方吐露的信息量应该是基本一致的，否则一方一味地输出，另一方一味地接收，就很难让沟通持续下去。在通常情况下，哪怕是作为“被倾诉”的一方，我们也可以适当地分享类似的经历，让倾诉者感到被支持和理解。

当然，类似的经历不一定非得是自己的经历，也可以是他人的经历。比如在这个例子里，我们可以给好友分享这样的案例：“我特别能理解你现在的感受，因为我的一个表妹也经历了类似的事情。当一个与她无话不说的朋友突然成为她的领导后，她们的关系就变得有点别扭了。但是，表妹因为这件事情和朋友深度沟通了几次，两人商量出了一些方法，让她们可以公事公办而不影响友谊，现在两人相处起来舒服多了。”

分享类似的经历通常不会让对方觉得突兀，反而会让对方饶有兴致，因为这是和他的当前处境颇为类似的例子，他也想从中提取值得借鉴的做法。

这个动作技巧在处理与顾客或者合作伙伴的纠纷中，也能起到很好的作用。比如前面说的那个旅行社的案例，如果旅行社负责人听完游客描述的情形后说：“我很能理解大家的感受。我虽然是做旅游业的，但是当我自己出去游玩游览行程被打乱时，我也会很不开心。”这样能让对方感到自己被理解，原本的对抗局面就可以打破。同时，他可以灵活运用前面四个动作技巧：“您是我们的顾客，让您遇到这样的情况，我的感受也很不好。”先让对方知道你也是有血有肉的人，能够与他共情。然后再说：“我的理解是您现在肯定是希望可以解决这个问题,能和我说一下您的诉求吗？”因为双方有了共情，一般人在这种情况下都会慢慢冷静下来，不再针锋相对，也就能够理解你的立场和不易，从而为寻求最终的解决方法打下一个互相理解的基础。

第六个动作技巧是“询问更多细节”。在经历上述五个动作技巧之后，双方通常已经聊得比较自在深入了，因此在最后，我们可以适当地询问更多细节。有人也许会问：为什么不在对方一开始分享经历后就询问细节呢？那样不是能够更好地帮助我们理解对方吗？

其实，无论是向对方询问细节还是对方向我们透露细节，都需要一定的信任基础进行“预热”。这种信任并非完全建立在双方过往的交情上，还建立在这一段新开启的对话上。我们可以把每一次对话理解为一次重新建立信任和联结的过程，因为即使是相识几年的朋友，我们也不能百分之百地确定所聊的每一个话题都能被对方稳稳接住。

在上面的例子中，一开始你可能不太方便问当事人，当初她是如何得出这位同事在背后做小动作这一结论的，但是在共情到这个阶段后，我们就可以适当询问这种细节了。也许从中还能发掘出她自身一些负面的信念体和情绪体，比如从一些行为直接判定对方在做小动作的假设，从而帮助她突破自己的认知局限。

这个动作技巧也适用于商务谈判。在上述旅行社的案例里，负责人也可以询问游客对各个方面服务的感受和意见，让对方觉得你是真的重视他、关注他，甚至最后如果真的需要退款，也可以根据沟通出来的更多细节对退款的形式做一些调整，比如可以用现金券替代现金。因为有良好的共情基础,那么双方妥协的余地就大很多了。

如果你熟悉了上面这些动作技巧，相信下次你就可以更好地处理好对方有情绪的情形了。

“坏”情绪是认识自我的好机会

你的情绪不单单是一种发泄，还是探求内在认知的窗口。

虽然在很多情况下，情绪体是限制认知的一个重大障碍，但是辩证地看，情绪既能控制一个人，也可以启发一个人。很多人以为情绪是不好的，是负面的，其实情绪是自我认知的一套预警系统。

当你产生情绪时，可以应用追问法来对这种情绪进行一些分析，从中挖掘到关于自我的认知。举个例子，如果你不想见一个人，你内在的情绪到底是什么？是恐惧、厌恶，还是羡慕？每种情绪对应的是不一样的心理状态。如果是恐惧，那你恐惧的到底是什么？是自己没有能力跟他聊，是恐惧他想聊的话题，是恐惧被他发现了什么对你不利的事情，还是恐惧被他评判丢了面子？每种可能性背后都揭示了一个潜在的进步方向。

如果是厌恶，那你为什么厌恶他呢？很多时候我们厌恶别人，正是因为别人身上有着我们厌恶自己的地方。我认识一个人，他很讨厌别人沟通时带有竞争性，其实是因为他自己在沟通时会无意识地带有竞争性。因为这个特质曾让他在几年前失去了一段很重要的感情。我的另一个学生特别讨厌和一个女生接触，深度分析后才发现，原来这个女生具备的一些女性魅力是她内心羡慕但不具备的。情绪是映照我们内心的一面镜子，可以照见我们很多不曾解决的心结和情绪。

对情绪的感知也可以让你拥有更多的选择。如果你发现自己讨厌和一个人见面，其实是因为那个人身上有你厌恶自己的地方，那么你要做的不是以后不跟他见面，而是改变你厌恶自己的这一方面，真诚地面对自己原本不愿意面对的局限，从而建立起足够的信心去面对那些曾经会让你感到羞愧的人。如果你为自己缺乏女性魅力而厌恶一个具备女性魅力的人，也许花更多心思去提升自己的魅力，会比持续不断地厌恶别人更积极一些。

我的一个学员，当他发现他的下属在上班时间看无关网站时，内心很愤怒。后来他分析了一下自己愤怒的来源，发现愤怒并不是因为这个人的行为。因为如果换了另外一个人这么做，他可能就不会那么愤怒，愤怒背后是他对这个人工作能力的不信任。而当他通过分析得到这个更深层的原因后，跟这个下属进行工作能力方面沟通的必要性就会摆上台面，而不是只是控制自己愤怒的情绪了。

如果想对情绪自行进行探索，我们可以问自己两个问题：你最容易表达的是什么情绪？你最难表达的是什么情绪？

情绪分为以下三类：

积极的：亲切、热情、亲密、关心、爱、感激、快乐；

负面的：生气、不喜欢、沮丧、恼怒、厌恶；

脆弱的：伤害、嫉妒、自卑、被孤立、被推开、悲伤。

你最容易表达的情绪是其中的单个情绪还是一类情绪？为什么你很容易表达它？

举例来说，我最善于表达的是与脆弱无关的情绪。我之所以很容易表达这些，是因为我给自己立了一个坚强或好强的人设，但是脆弱的情绪却会让我的形象和这个人设不符。通过这样的分析，我就可以看到自己给自己设置的局限（信念体），以及我潜意识里的人设给我日常行为带来的干扰。

还有一种情绪我也不擅长表达，那就是对父母的爱，部分原因是我接受的家庭教育。当我分析到这一点时，我意识到自己需要做出改变，因为我内心有一个深深的遗憾，就是没能在我爸爸去世之前亲口跟他说我爱他。现在，我会更多地向母亲表达爱意。

虽然被情绪操控容易让我们失去自我，但是通过情绪，我们可以挖掘到很多与认知相关的信息，进而改善和我们生命中重要的人的关系。接下来，我们会更深度地分析如何通过情绪体来发掘自我认知里的一个核心概念——广义价值观。

通过情绪来分析出你的价值观

在我的自我突破认知体系里，价值观可以分为广义价值观和狭义价值观两种。传统的价值观定义是狭义的，偏重于强调人们对于好坏、得失、善恶、美丑等具体价值的立场。广义价值观本质上是人们关于价值（什么最重要）的基本理论和观点。当你的广义价值观被冒犯或违背时，你可能就会产生强烈的情绪波动。

很多人会认为自己做的决定是理性的。如果你仔细想一下，理性能做到的只是把做决定的各个因子罗列出来，而真正能给每一个决策因素加上权重的是你的价值观。

我的一个学生刚换了一份令外人很羡慕的工作，平台很大，发展很快，老板也比较信任他。可是这份工作需要天天加班，而他是一个很看重自己闲暇时间的人。最后他放弃了这份高薪工作，去做了另一份收入较低但更轻松自在的工作。在一些人眼里，他的这个选择得不偿失,因为他们可能觉得年轻时就应该多赚钱。但在他看来，再多的金钱也比不上自己可以自由支配的时间来得重要。这就是一个典型的因为价值观排序不同而导致决策不同的案例。

价值观其实是主导我们决策机制背后的隐性因素。以我而言，效率是我排名前三的价值观，渗透到了我生活的方方面面。我平时做事特别讲究方法,就是为了最有效率地做事。我喜欢和聪明人交流，因为不需要花很大力气去反复尝试不一样的沟通模式，沟通效率会比较高。我考试通常都是一次通过，因为我觉得如果不能一次通过就很没有效率。当事情不是以一个有效率的方式进行时，我就很容易失去耐心。

对比结果优先的人，他可能会更在意结果的好坏，而非效率，因此可能愿意等很久来换取一个好结果。而我则在意效率胜过结果，有时甚至愿意放弃潜在的好结果，只想尽快把事情结束。这两种不同行为就是由不同的广义价值观主导的。

如果我们随便问一个人：“你是否有价值观？”回答一般都是肯定的。如果继续问他的价值观是什么，他多半回答不上来。我本人之前也是这样的。

有种说法是，回答不上来的问题便是好问题，那么“你的价值观是什么”就是个好问题。“你排前三位的价值观是什么”更是一个极佳问题，因为如果你能精准排列出自己排名前三的价值观，在面对困难的决策时就不会那么纠结了，按照你的价值观来做就好了。

如何找到价值观？

找到自己的价值观不是一件容易的事。我们会习惯于自己的日常行为，而不去深究背后体现的是什么价值观。另外，我们也可能因为人生中的重大事件而发生价值观的改变。有的人经历了家庭的突然离散之后，家庭就成为他最重要的一个价值观。

你可以尝试用以下两种方法去找到自己的价值观。

第一种是从过往经历中提取。

回顾一下你在哪些情景下会产生比较强烈的情绪，如果排除情绪扳机的影响，那么你之所以产生情绪可能就是因为这事违背了你的价值观，这时你就可以提取出它了。比如我的一个学生，在上中学时因为不遵守课堂纪律被老师罚站，当时他的感受特别不好。在此之后，如果别的同学做了类似上课打闹、上自习说话等违反课堂纪律的事却没有被老师惩罚时，他就会很生气，觉得老师不公正。后来，公正便成为他的核心价值观。虽然一开始他需要的仅仅是别人对自己公正，久而久之推己及人，就变成了希望所有人对所有事都能做到公正。

回忆你做过的非常困难或纠结的决定，你之所以感到困难和纠结，可能就是因为你的价值观在打架。通过回忆那个情形，你可以辨析出具体是哪些价值观在起冲突，从而发现你更在意的是哪一个。比如之前那个辞去高薪工作的学员，就是通过对“高薪”和“自由时间”的权衡才进一步确定了自己的价值观排序。

第二种方法是提取出普世价值观后，用自己的案例进行验证。

在后面的表格中，我们提供了49个关于广义价值观的词语，请参考以下价值观词语，梳理出自己排名前十的价值观排序。请你清楚地写出你对所选词语的定义。这是因为每个人对于描述价值观的词语的理解可能不同，比如自由，有的人会认为自由是有权利发表自己的看法；有的人会认为自由是可以想做什么就做什么；有的人会认为自由是认定一个目标以后放弃所有跟它不相关的事情而得到的解脱。

注意：下列词汇中有“公平”和“平等”等语义相近的词，在进行排序时请根据自己对这些词语的定义，对这些有微妙区别的词进行区分。如果你的广义价值观词语没有列入下表，那么请自行写出来，无须拘泥于这里所提供的词语。

另外，由于你最重视的价值观被冒犯时会引起你强烈的情感波动，所以为了确认，请为你排名前三的价值观提供对应的例子进行佐证。

尊重	责任	慷慨	自由	积极	权力	财富
耐心	秩序	同情心	爱情	礼貌	沟通	宽容
恒心	真诚	合作	友情	爱国	敬业	友善
谨慎	守信	创造力	亲情	健康	独特	平等
效率	善良	伦理	公平	卓越	中庸	成长
和平	民主	独立	创新	分享	诚若	诚实
知识	信仰	快乐	和谐	务实	感恩	文明

下面是一个学员对自己价值观的剖析。

我的价值观排序及定义如下——

公正：公平正直，没有偏私；

真诚：真实诚恳；

守信：保持诚信，遵守信约；

独立：不依靠他人；

善良：和善，心地好，亦指和善而不怀恶意的人；

亲情：亲人间的情谊；

感恩：对别人所给的帮助表示感激；

效率：单位时间内完成的工作量；

恒心：长久不变的意志；

独特：独有的、特别的。

里面有的是我通过深刻的体验和经历总结出来的，有的是我认为我很在意而且做得不错的，有的是我认为很重要并继续予以加强的。

我把它们分一下类——

1. 深刻体验和经历的：公正、真诚。

2. 很在意的：独立、亲情、效率、恒心、独特。

3. 很重要的：善良、感恩、守信。

第一类价值观来源于我的经历，我把它们排在价值观序列中比较靠前的位置。第二类和第三类都各有应用场景和侧重点。其中“守信”“真诚”这些价值观是后天形成的，我找到了一些我认为有必要的普世价值观，套用在了自己身上作为行为准则和标准，久而久之对它们有了精神寄托，它们就变成了我的价值观。

比如我工作之前守信观念并不强，但在工作以后因为答应的事没做到，失去了一些朋友或商业机会。我反思后就觉得履行承诺很重要，这也反过来制约了我自己对别人许诺的随意性。当我把守信变成自己的价值观后，它就更多地影响着我。

当你参考上面这个例子时，也请注意以下三个要点。

1. 请不要把情绪扳机误认为是你的价值观。

虽然在练习里我要求大家关注曾经令自己产生强烈情绪的事件，但是请你先分析一下这个事件是否造成了情绪扳机，以及你的情绪扳机是否已经消除了，不然你可能会误以为情绪扳机就是你的价值观。

有个学员，她在价值观体系里列了“尊重”这个词，但是她平时会把别人随意开玩笑的举动全部认为是不尊重他人的行为，即便在旁观者眼里这些玩笑无伤大雅。从她对待这些行为的过激反应中，可以看出“尊重”其实只是她情感扳机的一个面具，她真正需要的是接纳一段不堪回首的记忆。当年她因为成绩不好而被原生家庭扫地出门，最后通过自己的努力奋斗考上了好的学校。但是当下的她还会因为这段记忆而对周围人的态度过度敏感，形成了记忆体。

在我们之前举的例子里，虽然那个学生因为小时候被老师罚站而特别在意公平，但他后来通过努力消除了这个情绪扳机，所以他对于公平评判标准和绝大部分人的评判标准差异并不大，在日常生活中也没有过激的反应，如此我们才能判定这是他的价值观之一。

2. 请不要把你理想的自我放到你的价值观里。

我经常会碰到有人把健康、减肥、健身这些词语放到自己的价值观里，但是看一下他用来验证的案例，却发现这些只是他认为重要的、需要去达到的目标，不是价值观。

价值观是你内在自我体系的一部分，你平时的行为举止和决策都会被它主导。如果健康是你的价值观，你肯定会很注意一些有助于健康的行为，而不是天天熬夜，只是嘴上喊着“我要健康”的口号。如果你选择的词语并没有在你的过往行为和决策中体现出来，那么它就不是你的价值观。

3. 请不要把社会的影响和思潮当成自己的价值观，或者因为外界的影响而忽略真实的价值观。

有的人在做这个练习时无法排除外部影响，会把一些听起来很高尚，可他自己内心不认同的词语放进去。

这个练习是为了发现你自己的价值观，所以无论列出的词语是否能被社会观念接受，都请你真实地面对自己，因为你的决策就是被这些价值观影响着。你不能无视那些社会不喜欢但是自己喜欢的部分，你需要看到这些，这样你至少可以从中寻找到一些能被社会接受的表达方式。更多关于这方面的探讨请参考后面“你是听自己的还是听社会的？”的内容。

你会救一个小孩，还是救十个小孩？（价值观的应用）

一辆火车急速驶来，作为一个路人，你发现火车前方500米的轨道上有十个正在玩耍的孩子，而你已来不及叫他们避开。这时，你发现手边有一个扳道器，只要你使用扳道器，火车就会开到另一条轨道上去，这十个孩子将幸免于难，但那条轨道上有一个孩子在独自玩耍，转轨的火车会将他撞死。

这时你会怎么选择？是扳动铁轨，牺牲那一个孩子去救那十个孩子，还是什么都不做，让那十个孩子自生自灭？

我曾经拿这个问题问我的几个同事，结果很有意思。大部分同事选择扳动铁轨，牺牲一个孩子拯救十个孩子。小部分同事觉得他们会选择什么都不做。

他们的理由大致分为三种：

1. 选择扳道的人认为死一个人比死十个人好，让一个家庭伤心好过让十个家庭伤心。他们选择了更少的伤害，而亲手杀死另一个无辜的孩子。

2. 一部分没有选择扳道的人觉得人应该对自己的行为负责。他们认为十个孩子在有火车来的铁轨上玩耍，本身就是他们自己犯下的错误，应该由他们自己承担后果，而不应该让那一个孩子来承担他们犯下错误的后果。

3. 另一部分没有选择扳道的人是不想因自己的行为而承担责任。

这个题目的难点就在于，不管怎么选择，都会有人死亡。既然后果相似，为什么还会出现这么不同的选择呢？

我认为这些决定就是由不同的价值观导致的——

有人觉得公平重要，在生命的天平两端，一与十的重量是相等的，不能因为要救十个人就去杀一个人。

有人觉得责任重要，不能不作为、见死不救，需要两害相较取其轻。

有人觉得规则重要，如果救了犯错之人，会导致更多的人无视规则而一再犯错。

有人觉得服从重要，命运无法改变。

有人认为集体重要，为了多数可以牺牲少数。

…………

我们会发现，生活中可能没有那么多关于是非对错的判断，更多的选择需要基于价值观去做。在婚姻中是选择财富还是爱情？在工作中是选择公平还是效率？在生活中是选择真诚还是自我？价值观决定了我们在婚姻、工作、生活等各种场景下的重要决定。

在我看来，价值观不一定能帮我们做出正确的选择，但可以帮我们做出对的选择。

可能有人会觉得，“对”与“正确”没有什么区别，但我觉得两者是不一样的。

“对”是相对的，是针对某一特定环境下的是非概念。特定环境可以是前后语境、人物设定、世界观架构、宗教环境等，也可以是真诚、公平等价值观体系下的是非。

“正确”是绝对的，是在任何环境下只为一个目的而做出的判断。

比如，为了救人，司机把车开上了逆行的道路。这个行为在当时的环境下是对的，但逆行这件事肯定不能说是正确的。人们会对司机说“你做得对”，但可能不会说“你是正确的”。

在找寻自我价值观的过程中，我们只需要做“对错”的判断，而不需要做“正确”的判断。

价值观的迭代

很多人反馈，在认知突破的课程中，他们收获最大的就是价值观排序这个环节。因为做完价值观排序，他们会有更清晰的决策标准和更明确的自我定义，也有了区别于他人的一些标签属性，甚至突破了一些信念体和记忆体。

当你能够理性地把这些价值观提炼出来，在困难决策上应用这些价值观就能帮助你减少相关情绪的产生，简化决策过程，减少纠结。而且在做完决策后，你也不会后悔，因为这个决策是基于你独有的价值观做出来的。

有个学员之前跟朋友约定一起出门旅游，但后来因为他想多陪家人，也想在行业环境不好时多留在公司讨论新的商业机会，于是对于出门旅游就有点犹豫。但是碍于对朋友的承诺，且考虑到朋友为这次出游张罗了很长时间敲定行程、预定餐厅等，他也定了机票，交了钱。但他还是很焦虑，一方面答应了朋友，而且自己也很想出去玩；另一方面，面对公司和家庭的责任，心里会有很多不安。在纠结失眠了几天之后，他突然想起在之前排列出来的价值观中，他最看重真诚，胜于守信。于是他很真诚地跟朋友说了他的想法：“我认为这个时候去旅游是不合适的，我去了可能也会因为过多的压力和责任而玩得不开心。与其如此，不如就不去了。我知道你可能会失望，但希望你能明白我的真实感受。另外，我也不想你因为我的情绪而受到影响，让你也玩得不开心。”

结果朋友很理解他，对他并没有过多责怪。

他后来反思这件事说：“我一直挺看重朋友对我的看法，很不愿意让我认为重要的人对我感到失望或者觉得我不靠谱。但我挺明确地知道，这个时候我其实是不想去旅游的。如果在以前，我可能就自我安慰着然后去了，但这次我尝试着去主动沟通，并把我自己的诉求摆在了优先级，最后取得了还算满意的结果。这应该是我在结课后走出舒适区的收获，对我来说真诚更重要，这件事情会在将来对我有持续的影响。”

价值观虽然是个性化的，且在很长时间内基本不太会发生变化，但是也可能会随着一些重大事件而发生变化或被重新定义。因此价值观也具有一定的灵活性。

有时人生的重大事件会导致价值观发生变化。比如我在抑郁时，善良的排名就被往前提了。因为我觉得身边缺少这种特质的人，所以善良对我的重要性就提高了。而当我从抑郁中走出来，重新建立起我的价值来源体系之后，善良就不在我排名前三的价值观内了。

有时随着年龄的增长和进入新的人生阶段，价值观也会发生变化。比如有的人在年轻时可能觉得自由、独特是很重要的价值观，但有了家庭和稳定的事业后，就会觉得责任、稳定是更重要的价值观。

我们也可以主动出击，重新定义自己的价值观。

我并不建议一个人随随便便就重新定义自己的价值观，除非他有重大的证据证明原先的价值观定义给他的生活造成了极大的痛苦。这种极大的痛苦通常分两种情形。

第一种是排名前五的价值观内有互相冲突的价值观。价值观可能来源于先天的认同、后天的经历或社会的影响，因此容易出现排序靠前的价值观之间不兼容的情况。

请你看一下自己排名前五的价值观，是否会有一些价值观在某些情况下起冲突？

我有一个学员，在她排名前五的价值观里有“和谐”和“自由”，但两者经常起冲突，当她父母希望她留在身边，而她渴望出国时，这种冲突就很明显。

这时你需要做的是反复确定哪个价值观排名更靠前，未来如果有事触发了你两个价值观之间的冲突，你需要舍弃那个排名靠后的价值观，而选择那个排名比较靠前的价值观。

如何确定价值观排序呢？你可以感受一下违背了该价值观后你感到痛苦的强烈程度，排序越靠前的价值观，违背它给你带来的痛苦越大，或者说你内心会越不安宁。这背后的理性逻辑是，大痛不如小痛，长痛不如短痛。

第二种是有的价值观包含太多道德批判，或者应用范围太狭窄。

这种情况会造成当事人极大的痛苦，或者严重妨碍他活出自己的人生。比如，有的人的价值观里可能会有“自尊”，而他对这个词语的定义是：我绝对不能吃任何亏。这种定义很容易让他产生情绪。如果他把自尊定义为“一种自我价值感的来源，且不一定和他人对我的态度相关”，那么他可能就不会这么容易产生情绪了。

有的人看重善良，但把它定义为任何时刻帮助别人且不能要求回报。他们从事的也是符合自己价值观定义的职业，比如公益人士、护士和医生等。但是，如果有人常常会因为这个价值观而在遭受不公平的待遇时依然忍气吞声，甚至因为垫钱给病人而造成自己经济上的窘迫，那么就需要调整这个定义了。他可以拓宽善良的定义，比如改为：我不怀着恶意去伤害别人就叫善良。这样，他就不会让自己陷入困境了。

如果他自己不觉得有问题，只是别人觉得他吃亏，那他就不用为了满足别人的需求而改变自己的价值观。毕竟这是自己过日子的标准，不是别人的。

在每一条法则里，我会介绍一两个深度咨询案例，来帮助大家更好地了解这个法则在实际生活中的应用。这里介绍的是一个关于内在价值观和外部环境打架的案例。

28 岁就升到互联网大厂总监，他为何那么不快乐？（深度案例 1）

这个案例的主人公从世界顶尖的名校毕业后，在全世界最好的金融机构里工作，然后加入一家创业公司，做了两三年，在公司发展得不错时，他又跳槽到一家互联网大厂做总监。

听起来似乎是一段让人羡慕的职业旅程，但是他却显得特别不开心。不开心的点在于，他觉得自己连一个螺丝钉都不如：一方面他觉得公司的企业文化和他的价值观不合，公司里很多人为了升职不择手段，而他虽然也有这方面的野心，却不愿意用这样的方式来实现；另一方面，原先很赏识他的领导调走了，现在的领导和他很合不来。他觉得自己每天都是被工作逼着，每时每刻都要回复各种钉钉消息。

于是他经常想到离职，但又害怕去另一家大公司还是会碰到同样的情况。另外，换家新公司，他还需要重新证明自己的能力，重新获取团队的信任，而且新公司的文化也未必跟他的价值观匹配。这样的话，那还不如在现有情形下继续工作，至少危险是已知的。

望着那些在公司里似乎活得很自洽的人，他就会很懊恼：为什么我无法做到像他们那样？为什么我的价值观会和这样的企业文化打架？我到底适不适合大公司？

我们来一个个解答这三个问题，先从最简单的入手：如何判断自己是否适合大公司？

要考虑自己适不适合大公司，或者任何公司，可以从以下几个方面来分析。

一是能力的匹配度。我这个朋友的能力与那份工作毫无疑问是高度匹配的。他过去在顶尖金融机构的从业经历，与他现在所从事的投资总监的工作内容高度重合。而他在创业公司的经历则能帮助他加深对创业者的理解，发现更好的投资项目，因此他不存在这方面的问题。

二是奖惩机制的匹配。很多人会因为自己没有得到合适的奖励觉得自己不适合当下的公司。这里的奖励不单指物质上的，也包括精神上的，比如周围人和老板给你的正向反馈。我这个朋友提到，虽然他老板也会经常鼓励他，称赞他项目做得不错，但是他对自己仍没有很强的认同感，所以也不是这个方面的原因了。

三是文化价值观的匹配。当一和二都没有问题时，这第三点通常就是人们很讨厌自己所处环境的核心原因。

每个人都有他特别在意的东西，这些东西形成了他的价值观，而价值观是一个人做出重要决策的决定性因素。如果能够发掘出自己最在意的三个广义价值观，通常就能明白为什么你做的事会让自己不开心了。那么，如何发掘你的三大价值观呢？

在和这个朋友的谈话中，我发现他似乎特别在意和人的深度互动，有很多相关的线索——

他会重复提到现在的公司人情淡薄，同事之间没有很深刻的关怀。

他会不断回忆之前在做创业项目时，团队间那种亲密无间的关系。

他不太看重老板给他的正向反馈，因为他想要的反馈是深刻有效的，而不是流于表面的、机械的。

他的这些表现呈现出他对与人深度互动的在意和重视，而这很有可能就是他的一个核心价值观。

我抛出这一点后，他非常认同。而挖掘出这一点后，他的不开心也得到了更好的解释：深度的团队互动和亲密的关系，在很多大平台或者大公司里确实不一定能获得。

那是什么让他选择了去这家大公司呢？

这要从挖掘出来的他的第二个价值观说起。对他而言，另一个重要的事物是主流的认可。（虽然这看上去可能是个情绪扳机，但我通过反复挖掘排除了这种可能性。）

一家大公司能够给予他主流认可的来源：大平台的背书、不错的工资、比较高的社会地位、管理团队的权力。这是他从创业公司跳槽去大公司的原因。不过很可惜，这一点似乎和他在意的团队亲密互动是有冲突的，或者至少和当下他所处的这个环境是不相容的。有时候，人的内在挣扎就缘于内在几个核心价值观间的冲突。

怎么解决这个矛盾呢？

首先，他需要对这两个价值观进行一个排序，看看哪个更重要。如果他个人觉得深度的团队互动对他来说更重要，那么他就要对排序第二的价值观（主流的认可）重新进行定义。重塑价值观的概念是一种解决冲突的好办法。对此可以分两步来进行：第一步是重新定义主流，第二步是重新定义认可。

我问他："什么是主流？"

他回答："钱、权力、地位。"

我进一步问他："这些真的是主流吗？在'主流的认可'这句话里，'主流'更像是对一类人的指代。'钱、权力、地位'听起来像是被这个人群所认可的东西，所以这些不是主流本身。每个人所需要得到的认可是来自他自己认可的人群，所以对你来说，你认可的主流人群是什么呢？"

他想了想说："我认可的主流人群是那些位于金字塔顶端的人。"

"那么，你认为那些位于金字塔顶端的人在意的是什么呢？"

他想了想说："我不认识那些处在国内金字塔顶端的人，但是我认识美国一些处在金字塔顶端的人，他们在意的好像不是钱或者权力，而是对他人的帮助、社会影响力、意义等。”

说到这里，他也有点迟疑了，发现自己认为的主流人群会在意的那些东西，其实他认识的主流人群并不在意。

也就是说，他即便获得金钱、权力、地位，也不一定能保证得到他在意的人群的认可。

有趣的是，我这个朋友虽然没有实现财富自由，但是他会反复强调自己并不需要为了这些钱来工作。这说明金钱并不是他最看重的东西。抛开对主流认可的需求，他也不是那么在意地位和权力。那么，即便他得到大量金钱，得到地位和权力，他依然不一定能得到价值感上的满足，因为这些并不在他排名前三的价值观里。

让我们梳理一下现在的分析：我这个朋友为了获得主流的认可而去大平台，但是大平台给他的东西却不一定是他认可的主流所在意的，也不是他的价值观所在意的。促使他去大平台的是一个假设：我需要获得金钱、权力和地位才能得到主流人群的认可。

于是我问他："主流人群在意的是金钱、权力和地位，这种概念是你从哪里得来的呢？"

他想了想说："我天天读的东西，比如各种微信公众号文章、各类媒体的渲染。"

"这些能代表你定义的主流人群吗？"

他摇了摇头。

我总结："对于在意外部认可的人，他接触到的信息会严重影响他对世界和社会的判断。也就是说，你阅读和接触的这些信息潜移默化地让你戴上了各种滤镜。这些滤镜导致你形成了一个自动的思考模式：主流的认可等同于金钱、权力和地位。至于这个结论是不是真实的，是否符合你期待获得认可的人群的情况，你却没有做过验证。”

每个人都可能有自己定义的主流人群，把这个定义弄清楚，我们就能看到其中是否掺杂了假设和盲目的信念。在对话中，我们又发现了影响他决策的记忆体和信念体。打破一些假设和盲从的信念（信念体），他就可以放下一部分对于认可的执着了。

接下来是第二步，重新定义认可。

我接着说："即便你把主流人群定义为普罗大众或你接触到的媒体所针对的主流人群，认可的来源也可以是多元化的，而不只局限于金钱、权力和地位。梳理出其他认可的来源，也会有助于解决价值观上的冲突。"

于是我请他做一个关于认可来源的列表。

这个列表会包括两部分：一部分是目前他认知到的认可来源，比如名校光环，赚了多少钱，得到什么样的职务，进入了什么样的大平台等；另一部分是其他认可的来源，比如他帮助下属后得到的感激，家人对他的爱，朋友对他能力的欣赏，陌生人对他热心助人的赞扬，他因厨艺出色而得到的认可等。

后面这些正向反馈其实也是一种认可，只不过很多时候因为自动思维模式所添加的一层滤镜，使他看不到这些认可，只关注之前那些被自动思维模式所承认的认可。过去二十多年通过滤镜获取的信息，已经让他习得了从金钱、权力和地位这个角度去权衡事物的模式。既然我们之前的分析已经证明这个角度对他来说不是最重要的，那么下一步就是打破这个自动的验证模式。否则即便他换一份工作，在潜意识里他可能还是会按照原有的思考模式，选择赚钱多或职位高的工作，而忽略团队氛围。

可以通过刻意练习来改变这个思维模式。每天早晨，他需要把新的认可来源重复给自己听，告诫自己去关注自己的每一个想法。如果这个想法中又浮现出旧有的认可模式，那么提醒一下自己：这并不是唯一的认可来源，还有很多其他的认可来源。时间久了，他的思考路径就可以被调整过来。

他点点头，表示很认同这个方法。他说："除了要注意资讯的来源，我还怀疑我是否处在一个错误的圈子里，好像周围的人都和我一样，特别在意这些。我跟他们聊天时，聊的都是类似的内容，那我是不是也需要换一下圈子？"（这明显是一个由外界影响而形成的滤镜，它进一步强化了原有信念。）

我说："那倒不必。很多时候其实是你自己主导了对话走向才造成了这个结果。你看，你跟我聊了四个小时，但我们没有讨论如何赚到更多的钱或获得更多的权力，其实是你的自动模式让你把话题引导到这些东西上。"

"下次和其他人聊天，如果你能够调整你的注意力，看到其他方面，同时引导一下对话的走向，也许你会发现话题就不再是这些了。"我补充道。

"有道理。那我回去就做两件事：一是把我最重要的三个价值观再梳理一下，排个序；二是调整我的自动思考模式。"他有点小兴奋地说。

"是的，"我也挺替他高兴，"当你做完这些后，你也许会发现，你不需要在一个大平台工作。或者，当你不局限于狭隘的认可定义，可以接收到不同形式的正向反馈时，你会发现大平台也可以有深度团队交流的机会。那样，你的价值观就不再打架，你也就不会这么不开心了。”

手把手教你深度剖析情绪

这个模板可以帮助你更好地剖析你的一种特定情绪。在这里我也附上了一个学员的案例，以帮助大家更好地理解和应用。

发生了什么？

一件事情，由于我着急完成，而男朋友想慢慢做，所以他生闷气了。

我的感受是什么？

愤怒，委屈。

具体哪些行为和语言引发了我的感受？

行为：他戴上耳机，开始打游戏。我和他沟通时，他问我是否还有事情。他的这种回应让我觉得自己很不受待见。

为什么我会有这种感受？

我愤怒是因为他在逃避我，委屈是因为我觉得很快把事情做完是为了大家好，而他没有体谅我。

我是否想到了过去的一些经历？如果有，这些经历是否真的和当下有相关性？如果没有相关性，那么我因此产生的情绪是否合理？

有的。比如之前我们吵架时他总是不和我说话，而去做其他事情，但可能在生气。这些经历可能和他的反应有关联，但是我并不知道他当下是否在生气。

我是否有关于对方或者这件事情的假设？如果有，这样的假设是否得到验证？如果没有得到验证，我的情绪是否有必要？我应该如何验证？

有的，我假定他在生气。但是我问他时，他说他没有生气，但是的确觉得我给了他过大的压力，这让他很焦虑：一方面，他担心我急着把事情做完而累到自己，影响健康；另一方面，他由人及己，觉得如果他来帮我，他可能也会陷入同样糟糕的状态，他很抗拒。

我是否触发了情绪扳机？如果有，源自哪里？

有。我不喜欢被冷漠对待，或者被忽视。这和我之前亲密关系里一些不愉快的经历相关。

我是否开始自我否定，或者开始重复过去的错误信念？

有。我觉得自己是一个被排挤的人，这源自小时候被同学排挤的经历。

小结

1. 情绪体并不是单一的情绪爆发，而是有规律可循的重复性情绪模式。

2. 要做到不被情绪体所操控，需要在以下四个方面有所提升——

情绪察觉：时刻观察情绪的变化，能够识别某种情绪的出现。

情绪调控：调控自己的情绪，使它能在恰当的时机以恰当的程度表现出来。

情绪感知：能够通过细微的信号敏感地感受他人的需求、欲望和情绪，这是与他人正常交往、实现顺利沟通的基础。

情绪处理：处理他人情绪反应的技巧。

3. 大家不表达情绪，主要有以下几个原因——

不太了解当下的感受是什么，或者没有办法命名它。

认为表达情绪是错误的。

认为如果事情已经过去了，就没必要再翻出来。

表达情绪会让我们觉得自己很软弱。

希望表现得理性、冷静、清醒。

4. 情绪调控的方法：数数，情景转移，旁观者视角，发现并处理自己的情绪扳机，找他人疏导。

5. 共情的五个动作技巧：重复，表达你理解对方的观点，表达自己的感受，询问对方的感受，分享类似经历。

6. 情绪体是探求内在认知的一个窗口：它揭露了我们在意的东西是什么，我们恐惧、担忧、焦虑的来源在哪里。通过对情绪体的分析，我们能够发掘自己的广义价值观。

7. 很多人会认为自己做的决定是理性的，但理性能做到的只是把做决定的各个因子罗列出来，而真正给每一个决策因素加上权重的是我们的价值观。价值观是主导我们决策机制背后的隐性因素。

4

扭转你的记忆体（破圈法则二）

过去无法改变，但记忆可以

曾经有个猎头跟我抱怨说，他在工作中看人都很准，可是不知道为什么在生活中就经常看错人，交到一些不值得信任的朋友。我详细询问了一下他看人的方式，发现他似乎把自己在职场中看人的经验带到了生活中。

在职场中，猎头找人的第一优先级是看能力的匹配；而在生活中，如果你要与人形成长期稳定的关系，你的首要评判标准是信任度，而不一定是能力。他忽略了场景的不同特点，把职场上积累的经验应用到了生活中。

这其实就是记忆体的一种体现，大脑回忆起之前处理问题的方式后，自发地在一个新的场景里应用了同样的处理方式，却没有去区分应用场景。要破除这种习惯性的经验主义，其实只需注重切分法中关于合理性的考虑，检验一下把在职场中看人的方式应用在生活中是否合理，就能纠正自己的行为。

简单来说，记忆体是惯性经验模式。它操控我们的途径有两种：

一种是应用自己过往的记忆和经验而得出结论，却没有检验是否适用于当下的特殊场合；另一种是通过对过往事件片面的解读而形成不准确的记忆，从而误导当下的决策。

我们先来看第一种。我们在前面提到了盲目应用过往经验而犯的错误：一类是忽略了在 A 身上成立的经验，换成 B 可能就不成立，比如我们开头举的那个猎头的例子；还有一类是忽略了过去成立的经验在现在也许就不成立了。

我们如果运用切分法仔细去检验经验的合理性、真实性和相关性，就可以有效避免上述错误。

如果有银行的销售向你强力推荐一只基金，给的理由是它过去一年的回报率超过了 50%，那么你只需要问自己一个问题：基金过去的表现和它未来的表现有多少相关性？你通常会在基金的申购说明书里看到：过去的投资业绩不能代表未来的投资业绩。这就是通过相关性来破除惯性经验模式的应用。

即便我们可以避免上述的记忆体，当我们通过总结自己过往的记忆而形成自我的经验时,我们依然会被操控,因为记忆是不靠谱的。

对记忆的理论分析大多将记忆过程分为三个独立的阶段：首先是获得阶段，这时对原始事件的感知被存入记忆系统；其次是保留阶段，也就是从事件被存入记忆系统到回想起特定片段之间的时段；最后是提取阶段，人们回想起所存储信息的阶段。

华盛顿大学的实验心理学家和记忆专家伊丽莎白·洛夫特斯指出，这种分析并不正确，当我们储存一些事实的记忆以后，会继续从外部的环境里获得其他信息，这些新获取的信息也会和已经储存在记忆中的信息相互作用。因此，伊丽莎白·洛夫特斯认为记忆是一个整合的过程，一个不断被构建和创造的过程，而不像录像那样录制完毕就不会再有变化了。[1]

记忆就像我们小时候玩的橡皮泥，一段记忆最早如果是红色的，随着时间推移会有其他新的信息掺杂进来让其变色，最后可能就变成黑灰色了。换句话说，记忆可以不断地被外界所影响和塑造。

1973 年的一天晚上，18 岁的彼得·赖利（Peter Reilly）在参加完一个活动后回到家中，发现妈妈躺在地板上的血泊中奄奄一息。后来，警方在没有依据的情况下对他进行了 16 个小时的盘问，说服彼得相信自己下意识地把杀人回忆隐藏了。然后警方“深挖”了他的潜意识，诱导他去想象杀人过程，直到他把自己的想象当成了事实，对自己的“罪行”供认不讳。两年后，首席检察官去世，人们在他的文件柜里发现了可以证明彼得无罪的证据：在案发当时，彼得根本就不在罪案现场。最后彼得的所有指控被撤销，他最终获释。

这个案例说明人是可以被植入虚假记忆的。因此，当我们基于自己的记忆来对一些重要事件做出判断时，最好找他人验证一下，确保自己的记忆没有偏差，这样就不容易被记忆体操控了。

即便我们没有被植入记忆，基于我们所戴的滤镜，我们也可能会选择性地记起一些东西。我辅导过一些原生家庭有问题的人，他们通常更多记得小时候发生在自己身上的不幸事件。而这时候，如果你启发他们去努力回忆原生家庭里让他们感动或者感到幸福的事情，他们往往要经过一番努力才可以回忆起来。但是一旦回忆起来了，

---

1 Elizabeth Loftus and Katherine Ketcham, *Witness for the Defense: The Accused, the Eyewitness, and the Expert Who Puts Memory on Trial* (New York: St. Martin's Press, 1992), p. 77. See also Elizabeth Loftus, *Eyewitness Testimony* (Boston: Harvard University Press, 1979).

他们就没有原来那样愤怒了。甚至很多时候，即便没有回忆起来任何相关事情，只是思考这些不幸事件给他们带来的收获，通过这种视角的转变，他们也能得到情绪上的缓解。

无反思意识者和有反思意识者

要摆脱记忆体并不困难，转换视角、多方查证、善用切分法等行为都可以让我们更客观地看待问题，减少记忆体的负面影响。在这些方法的背后，是我们从一个无反思意识者变成有反思意识者的过程。除了上述方法，还有以下两种方法可以帮助我们进行有效的反思，从而破除主观记忆带来的错误认知和经验主义。

方法一：以人为镜。

这种方法，顾名思义，就是将其他人作为自己的镜子，照见自己一些偏颇的认知、回忆和惯性的想法。

大家还记得前面提到的那个在亲密关系里遇到很大问题、总觉得对方不够爱自己的姑娘吗？在她的原生家庭里，她有特别宠爱她的父母和外婆。父母为了她可以整晚不睡觉帮她打包好搬家的东西，外婆甚至会用嘴去帮她吸脓。在这些记忆的影响下，她会认为爱的正常表现方式就是不惜代价，甚至自我牺牲式地去为对方付出。所以她会期望亲密关系中的男方也像外婆那样对她，结果自然是大失所望。当她来到我的认知课，看到其他人的相处方式后，才意识到自己是被一种极度的溺爱宠坏了，需要调整自己对爱的理解和认知，降低在亲密关系中对对方付出的过高期望。

这个案例是用其他人的亲身经历作为镜子。你也可以将其他人作为反馈的镜子，从而发掘出自己对于一些事件的认知偏差。

两类人可以成为你的镜子，一类是事件中其他的当事人。比如，如果你和一个人产生了纠纷，那么去问一下在对方视角里到底发生了什么，也许你会有不一样的发现。

这是因为在任何场合里，我们都有三种“现实”：你的“现实”、我的“现实”和第三方看到的我们俩的“现实”。

比如，尽管生活水平提高了，有些父母还是沿袭着以前过分节俭的生活方式，冰箱里总是堆满剩菜剩饭。不管说多少次吃剩菜剩饭对身体不好，或是三番五次给他们看关于吃剩菜剩饭有害健康的科普文章，他们还是会趁你不注意时把放了好几天的剩菜吃掉，甚至气冲冲地教育你：“别因为日子好了就丢掉了节约的习惯！”

如果无法意识到三种不同现实的存在，你会在父母教育你的瞬间觉得委屈和难过，不仅因为自己的一片好心没有被理解，还因为父母的顽固而备感无力。在你的现实中，相信科学是很重要的一环，因此你不能理解父母为什么对科学报道置若罔闻。

然而，倘若你理解了三种现实，清楚你和父母处于不同的现实中，父母的做法在你看来就变得十分合理了。因为在他们的过往经历中，相信科学并没有那么重要，吃饱穿暖才是最根本的，吃了不少苦后，保持勤俭节约已经内化成他们生活的一部分。因此，能够理解三种现实，我们便能够更好地接受他人的观点和情绪，无论是正面的还是负面的。当你能够意识到不只存在着你的主观世界时，你便会认可在对方的自我世界中，他的任何行为都是合理的，因而你也能更容易接纳对方的观点和情绪。

另一类是置身于事件之外的人。以这类人做自己的镜子时，需要注意以下两点：

1. 你要找的人需要善于倾听分析，并具备较强的归纳能力。如果你找一个思维很跳跃的人，他是没有办法帮你分析的。

2. 你不要找过于熟悉你以至于已经习惯于你的惯性模式的人。比如，如果你是公司的老板，那么合伙人不一定是个好选择，因为他能看到你身上的习惯性模式，而且很有可能早就和你说了，但你因为自己信息接收上的偏见而没有听进去。找一个不是那么熟悉你但愿意讲真话的人来帮你做分析，则可以避免这些偏见。

在找到合适的镜子后，你需要细致地描述那件事，包括尽可能多的细节和你的内心活动，然后请对方针对你的困惑做出反馈。

在接收反馈时，你需要避免自己的防御心理，无论别人的反馈听起来多么荒谬，多么具有批判性，甚至带有人身攻击的意味，都不要抗拒。你可以用录音笔把别人的反馈录下来，等你情绪平静下来以后再重新听一遍，也许这时候你才能真正接收到其中包含的所有信息。

方法二：自我梳理。

这种方法通常需要大家静下心来，在一段时间内全神贯注地把相关的事件记录下来。如果平时实在抽不出时间，可以在周末或者节假日时集中做。

在做自我梳理时，可以综合应用之前提到的一些方法，尤其是追问法和切分法。如果你想对自己的认知做一个比较系统的反思性梳理，你也可以参照下面这个复盘模板。

1. 最值得反思的几件事：请从你的经历中选出你认为最值得反思的几件事。

案例：详细描述事情和相关人物的特质和行为，包括背景情况，发生了什么，你做了什么，结果如何，你的感受如何。

反思：你觉得哪些是你当时没有认知到的，或者需要通过换位思考来考虑的？你为何会忽略这些？背后有情绪体、记忆体在作用吗？

总结：如果可以重来，你会怎么做？ 面向未来，你有什么新的想法？

2. 对你比较重要的几项人生要素：请梳理出你认为自己人生中比较重要的几项要素（如成长、学习、意义感、友情、亲情、事业等），详细描述每项要素。

为什么该要素如此重要？你是怎么意识到它对你的重要性的？

和该要素相关的重要事件、人物有哪些？（包括背景情况，发生过什么，你做了什么，结果如何，你的感受如何。）

在该要素上，你觉得哪些认知在逐步发生变化？

如果可以重来，你会怎么做？面向未来，你有什么想法？

（这个练习可以结合之前发掘广义价值观的练习一起分析思考，也许可以帮助你进一步了解自己的广义价值观。）

3. 创业或职业上的重要认知：请在你的创业或职业经历中选出你认为重要的几个板块（如组建团队、竞争与合作、领导力、商业模式、转型、现金流、裁员、招聘、资本、用户需求、自我认知等），并选择你在每个板块中经历过的重大事件作为案例（可以是一个，也可以是多个），以"案例—反思—总结"的结构进行复盘。

案例：详细描述事件和相关人员，包括背景情况，发生了什么，你做了什么，结果如何，你的感受如何。在分析心路历程或心理挣扎时，请注意不要陷入记忆的误区。

反思：你觉得哪些是你当时没有认知到或思考到的？你为何会忽略这些？背后有情绪体、记忆体在起作用吗？如果可以重来，你会怎么做？面向未来，你有什么想法？

总结：你从这个案例中提炼出的经验。请注意不要陷入经验主义的误区。

在认知突破课上，我会要求大家写一个一万字的复盘。

为什么要求写一万字？这是因为当你需要写到这样的长度时，你就不容易逃避潜意识里想回避的一些问题。为了达到这个要求，你会不断地询问深究下去。很多学员反馈说，这个复盘让他们受益匪浅，甚至还有人会隔一段时间重新再进行一次这种复盘。

还有一种自我梳理的方法是对自己决策机制的梳理。比如你遇到一个重大问题需要做决策时，可以用写日记的方式写下自己针对这个重大问题考虑的因素、你的顾虑，以及最后你做出这个决策的思考。一段时间以后，你手中就会有一系列关于做重大决策的记录，这时候你再回去对一个个决策记录进行分析，就会比较容易看出一些重复性的思维模式或盲区了。更多信息可以参考后面的“手把手教你梳理过去的记忆”的内容。

当下生活中的问题，可能源于记忆的限制（深度案例 2 ）

在这个案例里，主人公因为原生家庭的影响而对过往经历进行了选择性记忆，也因为这些记忆而形成了对自己的刻板印象，从而导致他一些决策上的失误。

听到开门声，我抬起头，看到一个阳光干净的大男生走进来。我在脑海中迅速把他的信息调了出来：常春藤名校硕士毕业，有过一次失败的创业经历，现在在一家发展得相当不错的教育科技公司做产品。

几天前，我刚和他公司的 CEO 通过电话。他的 CEO 非常看好他，可是总觉得他似乎少了点自信，于是希望我可以通过这次咨询帮助他有所突破。

他走到了我对面，对我礼貌地微笑："我坐您对面没问题吧？"

"当然。"

他小心翼翼地拉出面前的椅子，取下背着的书包放到椅子的左侧，确定书包不会倒后端正地坐在了椅子上，似乎一切准备就绪。他面带微笑，看着我说："顾老师，您好，很感谢您抽出时间和我交流，我很期待这次的谈话。"

听到这番开场白，我不禁又想起他的 CEO 对他的夸奖，真的是个让人信任、有礼貌的小伙子。

我知道他的 CEO 和他也有过坦诚的交流，因此他应该比较清楚这次对话的目的了。而且他的 CEO 也和我简单描述过他的一些经历，包括那段不太成功的创业。基于这种信任，在简短的相互介绍之后，我决定从可能发生问题的时间段——他的那次创业开始和他聊。

“我想多了解一下你之前的创业经历，可以说说当时为什么决定创业吗？”

“当然。”他的回答没有一丝停顿，“出国读书之后，我开始和学姐学长交流毕业后的去向。我意识到所有人都在谈论互联网，我很快发觉这是时代发展的趋势，是未来的趋势。这些互联网公司做的事情是直接面向用户、对用户产生影响的，这也就意味着在某种程度上自己的影响力也会被放大，我希望能够去影响别人。”

他的肢体动作似乎没有体现出他言语上的自信。他十指交叉放在桌上，眼睛没有正视我，接着说道：“我之后碰到了我的合伙人。那时他正好也想离开之前的公司创业，我们聊了几次就确定了一起创业的想法。哦，对了，我是休学创业的，因为我觉得互联网这个趋势不容错过。”

我留意到他重复强调了互联网趋势不容错过这一点，看准互联网趋势从而决定创业这件事似乎对他很重要，他想让我记住他的创业动机，但为什么他会担心我没有听到，这个动机对他又有什么样的意义，他却没有进一步说明。这一点或许值得之后更加深入地挖掘一下。

“我的合伙人在创业前就职于一家非常有名的公司，我当时觉得，有他的加入让我向成功迈进了一大步。我们一拍即合，就开始操作当时的项目，方向是为国内留学申请者提供留学咨询信息。这个项目被一个孵化器看上了，他们愿意给我们提供各种帮助，人力上、财务上，甚至服务器，帮我们省下了很多成本，我也没想到我的项目一下子就会得到孵化器的帮助。这给了我很大的鼓励，我坚信自己当时对互联网浪潮的判断是正确的，我们的想法也会被很多投资人认可。”

他又一次强调了对互联网趋势的判断，我决定顺着他的话一探究竟：“你多次强调了互联网这个趋势，当初是什么让你做出了这个趋势不容错过的判断呢？”

“我碰到了 A，一位我很敬重的前辈，他当时也正准备在互联网行业创业。我看到他如何积极地争取各种资源，抓住各种机会，为了自己的想法花时间、花精力，我深受鼓舞。他当时给了我很多建议，比如去学习编程，多学习商学院的课程，等等。我听了很多他的分享和思考，看到了互联网的潜在机会，也更加明确了要进入互联网创业的这个想法。”

“明白了，这位前辈的鼓励和认同，加上这个孵化器的认可，让你更加确定了当时的决定。那我们继续聊聊进入孵化器之后的故事。”

“被孵化器认可之后，整个团队就像打了鸡血一样。其实一开始孵化器的工位还不够，要等一个多月才能腾出来，但大家丝毫不在意，当时也没有其他特别适合办公的地方，我们就在孵化器旁边的咖啡厅没日没夜地工作。我当时状态很好，即使在不那么理想的工作环境下，每天也很开心，大家每天都在畅想之后小有成就的模样，甚至是得到市场、投资人、大众追捧时的样子。看到自己能够通过一个想法把大家凝聚起来，我当时觉得特别满足。这也让我想赶快拿到融资，让想法落地。”

这段描述非常有感染力，我似乎看到了创业初期那个踌躇满志的他，但同时我也对他当时似乎十分自信的状态感到警惕。往往在这时，人们会忽视一些显而易见的问题，或是陷入自己的思维定式难以看清全局。

“不过后来我们在融资上出现了一些问题，加上其他种种原因，最后这个留学项目没走通，于是我们团队就转型做了社交项目。这是我当时的合伙人的主意，我觉得他之前有这方面的相关经验，就决定相信他，再做一次尝试，但最后也没能成功。”他好像急于结束这段关于创业失败的对话。

“可以具体说说‘种种原因’都有哪些吗？”一个人对于失败的思考和反思，往往可以看出这个人对于自我的认知和瓶颈。我希望能够从他的分析中更加深入地认识他。

“当时整个团队都没什么创业经验，只是盲目地想要快速发展。大家有点过于自信，也没有花时间好好打磨产品。融资时投资人指出了不少问题，我们决定改变方向做社交时其实也没有特别想好……”

他略带敷衍的叙述让我感到有一点不对劲，他对决定创业到进入孵化器的描述都十分主观和自信，给了我一个充满活力的年轻人的形象。但他对于整个失败经历的描述仿佛是一个旁观者，所有的分析或多或少有些浮于表面，甚至没有他自己的感受。我尝试引导他做更加具体的分析：“作为创始人，遇到这些问题时，你在团队中扮演着什么样的角色呢？”

“我觉得我尽最大的努力去做了很多尝试。我特别关注如何去融资，如何去招人，如何去写商业计划书。我希望能够尽快融到钱，去证明自己的项目，也想给团队一个交代。但和投资人见面的过程很不顺利。嗯……我还记得那个投资人，他很聪明，很有气场，没等我把创业的想法讲完就开始问我问题，初始用户从哪里来、如何积累用户、怎么推广之类的。这些都不是很难的问题，但我不记得我是怎么回答的了，我只记得我回答得很糟糕。但当时最让我受挫的是他似乎都没有表现出失望，而是一种无所谓的态度，感觉没什么兴趣和我继续交谈下去。那种无所谓，你知道吗，比失望更让我恐慌。”

我隐隐从他的这个回答中看到了一些突破口，于是我接着问：“你刚刚对于创业失败的描述很宽泛，聚焦在了产品、融资等问题上，但当你谈论自己时，你甚至还记得投资人的哪个表情、哪个反应让当时的你感到不适，当时的你似乎非常在意他的认可。”

他停顿了一下，若有所思道：“是的。”

“这和你一开始踌躇满志、休学创业的劲头似乎不太相符，是创业中发生了什么吗？”我尝试去找寻一些蛛丝马迹。

“我一直想通过这次创业证明自己。我觉得我的想法没有问题，我在创业早期甚至在只有一个想法、没有做出什么实体、没有什么用户的情况下，就得到了孵化器的支持，我的思考和能力都得到了肯定。我当时对自己过度自信，甚至有些膨胀，盲目地相信自己的创业想法。我也相信这个团队没问题，我有一个已经工作了五六年的合伙人，他之前在一家挺有名气的公司，然而他愿意放弃之前的一切和我一起创业，有他的扶持，更是锦上添花。我花了大量时间去修改、完善商业计划书，想要尽快接触投资人。我觉得融到钱就能证明我自己，所以当我听到质疑，意识到自己并不行时，我受到的打击很大。”

更加深入的交流让我发现，他一直在强调自己当时的过度自信，他创业一路的不顺和挫败感证明了他最初对自己有认知误差，没能正确地评估自己的能力。那又是什么让他如此自信地休学创业，盲目地向前呢？我尝试找到这背后的原因。

“我们随便聊聊你出国读书的那段经历吧。当时怎么想到出国读研究生呢？”

“我一进大学就想好了要出国，所以当时准备得很充分，我的成绩、课外活动、科研经历等，整个准备过程都很顺利，进入了 ×× 大学。虽然没申请到奖学金，但是爸妈都很支持我，他们出了全资供我读书。那不是一笔小钱，我很感激他们，而且之后创业他们也没有多问，就给了我一笔启动资金。”

他没有正面回答我的问题，却强调了父母的支持，他应该很在意自己的决定是否被父母认可。

“你读研究生学的什么专业？”

“我学的化工专业。”

“化工专业？这个专业和互联网离得还挺远的。看来你当时真的是下了很大的决心转做互联网啊！你一直说对当时的自己特别自信，当时哪些因素让你觉得自己会很快适应这个跨界的选择呢？”

沉默了一会儿之后，他吞吞吐吐地说：“我就是觉得互联网一定是大势所趋，A 这样有经验的人也认可，加上我又找到一个挺有经验的联合创始人，好像一切都妥了……”

“你不用紧张，我知道这对你来说是一段失败的经历，你可能也做了一些现在回想起来极其错误的决定。但这些都不是关键，你已经重新开始了。关键是我们如何重新去审视之前的决定，找到当时做决定时的盲区，从而避免下次再犯相同的错误。可你现在的回答好像是在逃避我的问题。你的专业和互联网离得很远，但你因为A的鼓励和分享就确信毫无互联网背景的自己应该一头扎进互联网，这显然不是一个深思熟虑的结果，有着巨大的风险。虽然你会强调自己的过度自信，但是当质疑出现之后，你又立刻受到打击，觉得自己不行。这当中似乎有一些前后矛盾，你觉得呢？”我希望能够引出他内心真实的想法，如果他不愿意真诚地坦露自己，我们的谈话只会在原地打转。

他皱了皱眉，换了换坐姿，显得有些局促。

“我还注意到一点，你当时毅然决然选择进入互联网，究其原因似乎是两个在你看来比较有经验的前辈对你进行了一些引导，让你萌生了这个念头。但这两位前辈和你的交集及对你的了解并不够多，在这样一个高风险的事情上，你想过为什么他们的话对你起到了决定性的作用吗？”

我问完后，房间里安静了下来，我好像可以听到他调整呼吸的声音，我很期待这一次能够听到他真诚的自我剖析。

他还是紧锁眉头，似乎在做一个很慎重的决定：“顾老师，你说得对，也许我应该趁着这个机会正视一下当时的自己了……当时那两位前辈的话只是推动我进入互联网的原因之一。其实我不是主动休学创业的，我知道说自己休学创业会让自己显得很有勇气，但事实上我读研的最后一个学期，有一门课挂科了，这也就意味着我是拿不到毕业证的。”

他紧紧地皱着眉头，仿佛回到了当时得知自己挂科时的状态，焦躁、不安。他拿起桌上的一瓶水，拧开喝了一口。

“在有挂科的情况下，我继续读研或者找工作都会很难。虽然我和学校商量好了之后补修，但当时的我在那个环境中感到极度迷茫。到 ×× 大学读研之后，身边都是来自清华、北大这类学校排名很靠前的同学。我不仅就读的本科院校一般般，本科和研究生学的专业还不一样，这给我的学习增加了很多难度，我一直有很强的挫败感。”他稍作停顿，似乎要再鼓起一些勇气，“互联网就像是我当时抓住的最后一根稻草，而且父母当时也支持我，虽然他们并不知道实情，却给了我一笔启动资金，我不想让他们失望……说自己是休学去做互联网创业，会让人感觉我很酷，也不会过多追问我找工作如何、成绩如何……我不希望被人评头论足。”

他在说这整段话时都没有看我，直到说完，他才抬头，眼神却有些刻意躲避。

“说出这些需要很大的勇气，很感谢你对我的信任，也谢谢你真诚的分享。”他的人物形象在这个故事中越来越鲜明，我试图去把他口中的零散故事串起来，“你在研究生阶段的挫败感，与其说让你对成功更加渴望，不如说让你对再次失败产生了极大的恐惧。这时为了逃避成绩不好的后果和找工作，你选择了创业。而创业这根救命稻草并没有你想象中那样顺利，但你依旧选择盲目前进，并且在创业初期选择把重心放在融资上，却没有想清楚产品怎么做。其实导致这些问题的原因并不是你过度自信，而是你过于急切地想要证明自己，证明自己不是一个因为挂科而没有前途的学生。这也说明了为什么在之后碰到阻力、听到负面反馈时你的反应会如此强烈，因为你害怕再变回那个没有选择、没有出路的状态。所以与其说你当时的状态是过度自信，不如说你在掩饰自己的不自信。你再仔细回想一下当时的状态，你会怎么描述自己呢？”

“我当时的状态更像是在一个不自信的状态下，忽然得到认可，然后想抓住那个认可，进而得到更多的认可。但我内心是毫无把握的，只能用另一种极端的状态去让自己保持亢奋、充满斗志的状态。可能也觉得只有这样才能够让团队相信我，现在想想或许更多的是让我相信自己可以吧。尤其是我一开始收到了很多鼓舞，我努力抓住了那些正面的声音，而无视了其他声音。”

说到这里，我想深挖一下为什么他在自我怀疑时，A 和他的合伙人这两个都不太了解他的人对他说的话和鼓励会成为他判断的标准。加上之前他反复强调父母的支持，我想也许家庭会是一个切入口。

“你提到了父母对你多次的支持，可以和我说说你的家庭吗？”

“我爸妈是做生意的，经常早出晚归，在家的时间不太确定，但他们对我的培养完全没有因此懈怠。他们都有特别高的自我要求，诚信、节俭，有奉献精神，因此对我的要求也很高。他们一直很支持我，不论是留学还是创业，都愿意掏钱让我去做。”

“他们对你的高要求具体表现在哪里呢？”

“我在家被要求自己叠被子、叠衣服，一定要叠得像豆腐块那样平整；所有东西都必须天天擦拭，一尘不染。水如果开大了，灯如果不关都会被说不惜福。我不能躺在沙发上，只能坐着，吃饭时坐姿一定要端正。见到亲戚朋友，要面带笑容、亲切热情，其实到现在他们也还是会继续强调这些，好像我还是那个小孩子。”说到这里他叹了一口气，“我记得小时候有一次吃饭时我把碗筷放错了位置，被他们训斥了很久。不过我也慢慢养成了这些习惯，得到了他们的肯定。”

“你很在意他们的肯定，但感觉好像又很矛盾。”

他又一次陷入了沉默。慢慢地，他眼睛有点泛红：“我其实很难受，在家里好像没有任何自由，但是我没法违背他们，他们毕竟是我的父母啊！”

“听你刚刚的描述，你应该是个特别听话的孩子，遵从父母的教导，并且想做到最好来获得他们的肯定。父母在你心中应该是很权威的形象。”我突然想到了一点，“我想A和你的合伙人在你创业开始时也是这样的角色，他们给了你很多‘教导’和‘建议’，而你因为他们的肯定，想要去尝试并且做出成绩，让他们看到对你寄予的期望并没有落空。”

说到这里，他似乎陷入了深思：“好像是这样子的。好像我的确把他们当成了和父母一样的长辈。”

“但在创业过程中，你虽然一开始因为前辈的建议开始创业，却没有在创业的路上开放地听取更多的建议，而是一味地想要证明自己。你也多次指出想要尽快获得投资来证明自己，却没有好好地思考产品。你似乎一边在不断地寻求长辈的建议和肯定，一边想要挣脱出来证明自己，让自己不再活在他们的肯定中。”

我想要听到他的反馈，于是问道：“你觉得你现在还处在一个一边需要肯定，一边想要挣脱的状态吗？”

“我……我不知道……但您说得没错，我是想要挣脱的，我内心是有点叛逆的。可能是因为父母逼我逼得太紧了，让我想从中挣脱出来，想要按照自己的想法去生活。”

“你尝试过按照自己的想法活吗？”

“嗯……我其实做过一些尝试……您刚刚问我为什么想出国留学，我之所以一进大学就下定决心出国留学，就是因为我想通过去美国来逃离我的父母。”

“但你在潜意识里还是没有完全放下别人的看法，尤其是长辈的，所以你会反复出现矛盾心理，也会来回纠结。这一点在你创业时就表现了出来：一面极度自信，想要快速证明自己；一面极度自卑，投资人无所谓的态度让你一直记到现在，成为一个心结。我们一开始交流这次创业失败的经历时，你一直在逃避自己的过往，我感觉你现在还是会游走在自信和自卑之间，在如何证明自己上挣扎着。”

“其实，我对这段创业经历一直抱着否定和拒绝谈论的态度，它让我感到自己十分弱小、十分无助。我也不想让别人觉得我是一个失败者，尤其是我身边那些认识我的人、支持我的人。我从来没有从您说的这个角度去审视过自己，我会经常思索自己到底是什么样的，但又不知道该怎么去改变，只能任由我的情绪去波动。”

他越说越激动，激动中透着他想要改变却无从下手的无奈。很多时候，童年有关自我弱小无助的记忆会一直延续到长大之后，在处理很多事情中潜移默化地影响我们的表现。

“你这样的情绪其实不难理解，因为你之前并没有找到自己矛盾的原因。一方面，你想用行动摆脱之前的自己，摆脱那个‘听话’孩子的形象，你想要挣脱，甚至有些叛逆。但另一方面，你没有意识到，在你想做出这些改变的同时，你的潜意识却不自觉地让你再次选择听从长辈的话，活在长辈给你设定的框架里，包括你对长辈的回忆，也都是正向的，似乎没有任何问题的。这种选择性的叙述也许是为了维护你所做的听长辈的话的选择，但其实深度挖掘一下，你并没有忘记那些不愉快的回忆，所以你从来没有真正摆脱那些束缚。这种矛盾意味着你在做很多决定时其实并没有经过充分思考，很容易受到外界的影响，从而做出次优的甚至是违心的决策。这样错误的决策继而让你陷入一个困境，但你却找不到问题的根源。时间久了，你就会更没有自信，态度更加消极。”

他双臂交叉支撑在桌子上，身体前倾，表情显得十分紧张，嘴巴抿着，眉头皱着。看得出来，他在很认真地消化刚才的对话。

“现在你在一家发展前景非常好的互联网公司，你的同事和老板都对你非常认可，我看到你的介绍里写着你后来也回去完成了在 ×× 大学的研究生学业。你已经不再是那个小时候放错碗筷位置就会受到责备的小孩了，你在负责一个有千万用户的产品。你因为某个时间点的自己，对自己进行了评价，并且否定了自己。”

他点了点头，认真地看着我。

“人永远是在变化的，就像人与人之间的关系也在不断变化一样。你把现在的自己锚定在小时候受到责备的时刻或是创业失败的那个时刻，却没有看到现在自己的进步和不同。你说你希望别人不要因为你过去的成绩去评判你，但你是否就在用过去的失败来框定你自己呢？如果让你评价一下你现在的状态，你会怎么说？”我希望他能重新给现在的自己做出合理的评价，从而正视当下的自己。

“我很喜欢现在的公司，CEO 特别照顾我们，一日三餐全包，为了让我们不断学习提高，还可以报销买书的费用。他特别有远见，特别好学，奠定了整个公司的文化和工作氛围。就是他让我来做咨询的，他想帮助我提升。希望我没有让他失望。我周围的同事也都很棒、很有趣，我觉得现在我内心充满了温暖，能力也在不断提高，而且在做很有意义的事情。”

我在他的回答中隐约感受到了那种希望被认可的焦虑：“你这个回答让我感觉你把对长辈的无条件服从和崇拜转移到了你的 CEO 身上。你怎么看？”

他听我这么一说，好像突然意识到了什么，叹了口气说：“哎，顾老师，我之前从来没有这种意识，我对一些前辈或我比较敬佩的权威者有盲目的崇拜。这好像对我来说是一件挺自然的事，自然而然觉得他们做的很多决定和事情特别正确。”

“我并没有质疑你的 CEO 的意思，我也和他接触过，你说的这些我都同意。但问题在于：一、你需要分辨清楚你对有更多资历的人的崇拜和听信是基于理性的思考和判断，还是仅仅基于他们是前辈？二、你需要做到能够让自己和他们分离，他们对你的认可不应该对你造成情绪上的影响，你才是那个最知道自己、最应该对自己的行为和方向做出判断的人。”

“之后我会注意的，以前我没有意识到自己的问题的根源，所以缺乏对自己行为模式的判断。现在我意识到了，以后会尽可能去改变的。”

“这就对了，”我笑了，“你已经不再是那个过去的自己了，你要包容接纳过去那个失败的自己，这样才能真正走出那段时间带给你的自卑。你要谅解当时无法反抗的自己，这样才能放下追求别人认可的执念。永远不要因为某一个点的自己，而否定了全部的自己。”

听到这里，他好像也松了一口气。

“其实在和你聊天之前，我也向你的 CEO 了解过你，他对你的评价很高，他觉得你学习能力强，做事也很积极，是非常有潜力的。

这也是我们会有这次谈话的原因，他希望你能够找到自己的问题，这样你才能有更大的提升，才能在团队中去带领别人一同提升。今天的对话是一个很好的开始，你意识到了自己的问题的根源，但改变是不会自己发生的，你要让它发生，你要告诉自己，你已经不再是那个需要得到别人肯定来证明自己的小朋友了，你也不应该给自己贴上失败的创业者的标签。”

“嗯。”他好像信心大增，背挺直了不少。

“那你说一遍吧，现在。”我对他点了点头。（这里我其实是希望可以培养他持续实践的意识。）

他看着有些害羞："嗯。我已经不再需要别人的肯定了，我不应该沉溺在过去的失败里。”

“对，你要不断地这样告诉自己，每当发现自己陷入之前极度摇摆的情绪时，你就要有意识地让自己走出来，去寻找是什么让你又陷入了自相矛盾，触发了你的不自信。这是需要不断训练的，但我相信你可以做到。其实在日常生活中，你可以通过很多方式去记录自己的变化和一些反常的决策或行为，比如写日记。这些记录可以让你有意识地去看当时自己的矛盾点在哪里，是什么让你做出这样的决定，从而找出你行为中的固定模式。一旦意识到有一些偏差，你就可以积极地做出改变，并继续记录自己的改变。久而久之你会养成经常反思的习惯，这样就能让改变更加长久。都说到这里了，那我给你布置个任务吧：从今天开始，每天记录下自己做重要决策时的思考和原因，当你又进入以前那种模式时，记录下自己的情绪和思考，看看是什么把你又拉回过去，然后努力把自己拉回到当下。”

“好的，顾老师，我会按照您说的去做，希望自己能够成为一个真正自信的人。”

很多人都有“内在小孩”的记忆。虽然他们长大了，却因为小时候的一些情绪被压抑、需求没被满足、错误的信念被内化（例如我很笨，我不会成功），而在心里留下受伤时的反应。这些受伤的记忆会藏在他们心里，在他们成年之后继续发芽，对他们产生各种负面的影响。这些没有处理好的“内在小孩”的记忆和情绪在后来被触发时，他们往往找不到情绪的源头，不明白是什么刺激了自己反常的行为模式，因而无法解决，就好像一个封闭的阀门被打开，却不知道它因为什么而被打开。

就像这个男生一样，在他“内在小孩”的记忆中，他是一个对长辈和权威人士言听计从、希望得到长辈认可的人。他的“内在小孩”十分拘谨，害怕被否认，这种害怕在小时候投射在父母身上，长大之后，这种对长辈认可的追求和对自己的不自信渐渐投射到了更多比他年长或者更有经验的前辈身上，从而导致他做出冲动的决定。这也是一个把过去的自我误认为是当下自我的案例。

和他完成这次谈话后，我除了替他感到开心之外，也不自觉地想到了自己心中一些还未被解决的“小孩”。反观我们自己，其实小时候或多或少都会有没有处理好的情绪，积压下来就形成了不愉快的记忆。在我们还没有形成一个鲜明的自我时，我们就已经被很多外界因素影响了对自己的判断：成绩不好，自己不值得被爱，我没有出息，等等。这些内心中的声音会在不经意间跑出来影响我们，让我们再次否定自己。但正视这些声音需要极大的勇气，它需要你重新审视自己和他人的关系，还有自己内在的自我需求。想到这里，我希望自己也能具备这样的勇气。

过了一段时间，我收到了这个男孩的微信，告诉我他已经搬出父母家了，准备以这次为起点，让自己能够更加独立地去面对和思考问题。他最近状态也很好，按照我布置的作业，一点点回顾自己之前的决定和失败。看到那个大男孩经历多次打击和失败后走了出来，重新开始，找到了自己热爱的工作和人，我感到很欣慰。相信在摆脱过去的记忆、完全接纳当下的自己之后，他会拥有更加广阔的世界。

反编码你的思维记忆，提升自信

在上一个深度案例里，我给那个大男孩布置的作业，其实是对记忆体操控我们情绪能力的正向应用。

很多人有比较根深蒂固的自我批判习惯。有一个来找我咨询的女孩，虽然工作了四年，但总是觉得自己没有什么特别的能力，她的口头禅就是“我太差了”。可是当我深度帮助她分析过去的几段工作经历后，发现她其实在两段工作经历里曾独立完成了一些比较重要的项目，并以一种创新的方式解决了项目中遇到的障碍。这是一种不错的可迁移能力，但是她自我批判的习惯让她感觉不到自己的好，因此非常不自信。

自信的一个重要来源就是对自己具备的能力和优良特质的笃定。当遇到挫折或别人给予的负面反馈时，我们会很容易忘记对自己本身所具备能力的自信。尤其是那些因为过度自我批判而自卑的人，更需要学会坚持不懈地做一些练习，来帮助巩固内在对自己的一些能力和特质的笃定。你可以通过每天重复自己的这些优良特质和能力来把它们刻入你的记忆。这样你就能在被外部打击的情况下迅速想起这些特质和能力，避免陷入自我批判和负面情绪，以平常心去对待挑战。这就是记忆体的正向功效。

以下几种方式可以帮助你迅速想起自己的优良特质。

1. 每天早上对自我进行日常肯定。日常肯定是指，每天时不时向自己重复概括你所希望拥有的特质和你已经拥有的特质的肯定性语句。以下是我写的肯定自己的句子：

> 我是一个善良、坦诚、坚强、聪明好奇、积极乐观的人，这是我值得存在和被爱、被关心的凭证。
>
> 我通过创造和帮助别人来获得社会意义上的价值。
>
> 我有一颗爱自己、爱他人、好奇、感恩的心，我能够自己给予自己自由和快乐。
>
> 我的未来有无限可能。生活也会给我带来无数的惊喜。

当你每天定时重复这些句子时，请你感受一下自己大声朗读时内在的感受。很多人都会觉得自己更有力量了。随着时间的推移，你会发现里面的一些句子会慢慢不起作用。这多半是因为你已经把它们内化了，或者它们不合适了。这时候你需要不时地给自己写一些新的、能带来内在感触的句子。当你陷入自我谴责或低迷情绪时，把它们拿出来高声朗读一遍，也能帮助你摆脱这些负面情绪，更好地坚持对自我价值的肯定。

2. 提醒卡片。在一张卡片上用硕大、醒目的字写下简短的赞美语句，然后贴到你会经常看到的地方，比如梳妆台上、镜子旁边、电脑附近、工作台周边等。有的人也会买一些冰箱贴，把这些纸片贴到冰箱门上，这样每次开关冰箱门时都会看见这些语句。另外你也可以制作小一点的卡片，把它们放到钱包里，或在你的智能手机上设置每天的定时提醒，而提醒内容就是这些鼓励自己的语句。

3. 图像回忆。尽可能地回想起你展现自己优点和能力的时刻和情形：回忆当时发生了什么，你处在什么样的环境里，别人对你的反馈是什么样子的，你自己的感受又是怎样的。

因为人的记忆是源于一个又一个图像，所以当你回忆起这样的场景时，就很容易被带入这样的场景，从而缓解情绪上的紧张和不适。图像也是最容易让人产生代入感的方式，如果你能经常练习，那下次碰到棘手情形时，要再回忆起这样的图像就会非常容易。这些情景会把你带到当时的记忆和感受之中，在这种情况下，你就能以一种不一样的态度去处理当下的问题。有的人也会直接用自己敬佩的对象来代入，比如遇到危机时，我的一个朋友就会问自己："如果丘吉尔遇到当下的情况会怎么样？"我这个朋友非常崇拜丘吉尔，对他的事迹了如指掌，因此做这种模拟也得心应手。这其实是通过别人的记忆体来唤醒自己不一样的态度和处事方式。

这是我的一个学员的例子，她想验证自己是一个风趣幽默、精明能干、善于倾听的人。

风趣幽默：公司的总经理平时特别严肃，但是每次都会因为我说的一些笑话而大笑，还经常夸我是个很有幽默感的人。

精明能干：我在全公司 300 个销售代表中排名第三，

对于才入行两年的人而言，这绝对是不俗的成绩。

善于倾听：李丽的朋友似乎并不多，她碰到烦心事时总会来找我倾诉。

她也可以在每个例子里补充更多的细节，比如总经理笑时的声音、表情和动作是怎样的？当她帮助李丽后，李丽说了什么？这些细节可以强化我们的图像记忆，让这些记忆体更好地发挥出正向的作用。

如何通过被遗忘的记忆打开过去的心结（深度案例3）

这是一个由记忆体带来不良潜意识影响的案例。

这位来访者同样有着亮眼的简历：毕业后加入知名影视公司，后来成为独角兽公司的高管，又自主创业成立了一家有口皆碑的公司。每每看到这样的来访者，我就会很有感触：其实自我剖析、自我探索远不只是失败者、受挫者的任务。获得一定成功的人，或是被社会认可的成功人士也会有困惑和盲区，人的认知越高，越能了解提升认知带给自己的价值，也越想寻求新的突破。

想着，我听到了敲门声。

“请进！”我期盼地抬起了头。

“顾老师您好，久仰久仰！我是艾伦，很高兴见到您。”说着，他礼貌地和我握了一下手。

“你好，艾伦。”我重新坐了下来，还没等我调整好椅子，他便直截了当地进入了主题。

“顾老师，我想您很明确这次我来咨询的目的，我们也不用过多客套了。我想就我自己的一些行为和您聊聊，让您帮我分析分析究竟是什么在驱使我一次次做出让自己后悔的决定。我好像找到了一点规律，但又感觉摸不太透。”

“你是个追求效率的人。”我笑了笑。他这一番直白的开场让我有些惊喜，不仅是因为他的坦诚，也是因为他是一个会自我反思的人，并且在来到这里之前已经自行做了准备。他一进来就直切主题毫无废话的行为告诉了我：他不会浪费时间。但同时，我内心也出现了一丝担忧：这种对效率的追求如果过度，可能会带来一些负面影响。

“那我们就开始吧，说说你都注意到了什么问题。”

“我先讲几个在工作上碰到的事情吧。这件是近期发生的事情，我刚搭建好现在的创业团队，对这个团队有很高的期待，对他们的要求也相对严格。可能是因为我的要求太严格，对项目的进度也催得很紧，让大家不太理解，进而团队产生了一些抵触情绪，最后导致我们的产品出错了，接下来等着我们的当然就是产品短期内口碑下降和用户退订。当时我的情绪是比较愤怒的，我无法忍受产品质量下降和用户体验变差。刚好我当时不在国内，就在微信上非常严肃地训斥了他们，然后更加严格地要求之后的表现，愤怒让我完全关闭了和他们的交流通道。现在看来，我觉得自己当时的情绪控制得非常不好，应该更有耐心一些。”

我听完之后，倒觉得可以理解他当时的心情：“其实这种情况的出现是可以理解的，毕竟这直接关系到产品的质量和口碑，而你的公司口碑向来很不错。我觉得你感到紧张、发脾气是正常的反应。不过，这件事能引起你的注意，是因为经常有类似的事情发生吗？”

“您说得没错，顾老师。我回想了一下，类似的事情其实发生了好多次。有一次一个技术主管出错了，我说了一句很重的话让他不再犯错。我后来想想真的是太不合适了，我传达出了很强的对错误零容忍的信号，让他对犯错产生了很强的排斥。而他作为技术主管，会把这种心态带给团队其他执行成员，这样反而会扼杀团队的创造性和尝试突破的动力。事实上也是，我感觉这之后团队变得有些中规中矩，大家对于反馈新想法都不太积极了。现在想想，我不应该那么冲动地谴责我的技术主管，而应去构建更深的信任和合作，这样才有利于长远发展，而我却差点把我俩的关系闹僵了。”

“还有类似的事情发生吗？”我开始慢慢在这些事情中看到一些相同的点，但还不太确定，我想了解更多的情况。

“有，我在独角兽公司工作时，有一次我们公司要去参加一个展览，因为缺人手，我安排了团队的社区经理来主导这个项目。她也很早就表达了希望能够锻炼营销能力的愿望，加上她负责手头上的项目时表现得也很不错，我就给了她这个尝试的机会。不过我当时挺担心的，因为这个任务比起她之前负责的项目要复杂不少，而她又缺乏相关经验。在之后几次推进项目的交流中，我发现她缺少对这个项目整体性的思考。比如，各个板块的目的是什么，潜在的问题会有哪些，风险会有哪些，这个展会如何和我们其他的营销媒体配合才能达到最佳效果，等等。我当时特别着急，以为她忽视了很多细节，时间上又很紧张，所以我异常烦躁，当时甚至强迫她按照我的方案一板一眼地执行。我能感受到她的失落，但没办法，我很着急。后来有个同事主动提出协助她完成方案，并且保证我满意。经过一天的讨论后，他们给了一个我感觉很不错的方案，我就让他们去操作了。最后这个活动的效果非常好，我们的展位还被评选为当天活动的最佳展位，吸引了很多大客户。这件事虽然最后圆满解决了，但我对当时自己在情急之下做出的决定有很多反思。那位社区经理虽然经验少，但事实证明她最终还是高质量地完成了这个任务。我的方案不一定是最好的方案，我也没有尝试着理解她的难点，最后反而以压迫的方式尝试改变她的想法，这对我的合作伙伴来说是一个不被信任的体验。这几件事都是因为我的情绪焦虑差点导致很糟糕的结果，甚至差点让合作关系崩裂。把这些事情放在一起想想，我有点后怕，万一以后再出现类似的情况而我没有控制好情绪，会不会就没那么好运了。”

“首先，我想说的是，你能够这样去反思总结自己，这种行为非常值得肯定，说明你已经在慢慢发现自己的问题了。在我去剖析之前，我想问一下，你对自己在某些项目上的决定和行为是否有过类似的感受呢？”我问这个问题的原因是，在通常情况下，对于记忆体的分析需要由多个经历来做辅助和总结，这样才可以避免以偏概全。

“嗯，我想想……哦，还真有一个，我不知道是不是直接相关，但这件事给我的印象特别深。是这样的，我之前在独角兽公司时，负责新产品的孵化。当时有一个小伙伴提出了一个新的产品创意，我回去思考了一下，决定不支持这个项目，因为没有清晰的应用场景。但其实它是有一个应用场景的，只是我觉得它和当时市面上一些已有的产品没有什么太大区别。后来我又有些纠结，还是决定通过这个项目，但因为时间上有点晚了，导致这个项目在发布前就被扼杀了。现在回头看看，那个项目其实和国外现在流行的一个产品特别相似，理论上前景会非常好。说实话，如果当时我当机立断推进这个项目，说不定会成为一个爆款，不过现在后悔也来不及了。我不知道这个是不是也和前面那些事情很像，但这件事的确一直是我心里的一个结。”

“谢谢你的分享啊。我一开始说你是个很有效率的人，但现在我想稍微修改一下这个评价，你看起来更像是一个有些急躁、不太有耐心的人。你想第一时间获得结果，但这样的急躁往往让你错过了很多。以我们的谈话为例，你直接进入主题的方式可能在你看来是一种追求高效、为自己争取更多时间的方式。可是我们毕竟是第一次见面，你丝毫没有顾忌到这是不是我能够接受的风格，甚至没有让我说什么话。虽然我并不介意，但你并没有考虑到这种方式会不会一开始就让我产生抵触和反感的情绪。你说呢？”

“顾老师，您这么一说，我的确觉得我的开场方式有些不妥当，看上去是追求效率，其实是想赶快得到结果。”

“没错，回头看看你的这些经历，也是相似的，其实你自己分析得也都挺到位的。我们再试着整理一下，第一段关于产品质量下降的经历，最开始的起因是你在刚组建完团队之后就马上带入了高压力、高强度的工作模式。你是不是刚和团队‘打完招呼’，就‘直接进入主题’，开始了项目，没给团队留有反应的时间？你的急切让你始终都没有感受到你的团队逐渐堆积的抵触情绪，你的急功近利让你忽略了对身边所有人的情绪的感知。”

他皱着眉头，频频点头。

“我们接着看你说的第二段经历。同样地，你说自己说了一些比较重的话，这也是你着急的表现，你的心急让你无法容忍错误，你不允许别人影响你心中的‘效率’。你对待那位社区经理也是，你去压迫别人，强制别人，让他们跟上你的速度，但你忽略了每个人的差异，你直接否决了他们的可能性。”我停顿了一下，看到他仍然是用力地点头表示认同，但他身体前倾，几乎要离开座位，这似乎又向我发出了他开始“心急”的信号。

“我之所以想听一下你最后的那个事例，是想看一下当事情发生在你自己身上时，你对自己是否也同样不够耐心。事实证明，你对自己的包容度也不高。对于创新产品，一般最开始的点子都是粗糙的，需要慢慢打磨的，可是你没有给这个产品机会，也没有给自己等产品慢慢被打磨出来的机会。你对自己也是比较着急苛刻的，想尽快看到结果。虽然你最后改变了主意，发现自己对于一个本就应该是不完美的产品创意过于心急了，但从整体来看，你的每个决定都像是赶着去做的，没有给自己好好思考的时间，也不给别人证明自己的时间。”

他舒了口气，但马上又皱起眉头：“是的，顾老师，你说得挺对的。我也渐渐意识到了这些问题，虽然没有像您这样系统总结，但我心里其实大概也知道是自己过于着急，包容性不够。可当事情再次发生时，我往往还是被情绪主导，没能吸取之前的教训，过于匆忙地做出判断。不知道您是否有帮助我改变的建议呢？”

“别心急，我们一点点来。”

“哈哈，是的，我又想直接跳到答案了。”他放松了下来，靠在椅子背上，露出了一丝若有所思的微笑。

“你会反复出现同样的问题，是因为你并没有从症结上解决你的问题。”我接着说，“心急、急功近利只是最后的呈现形式，我们需要找到这些结果背后的原因，那样才能根治。”

“好的顾老师，我跟着您的节奏，慢慢找答案。”他把椅子往前挪了挪，脸上露出了期待的表情。

“你一直表现得很匆忙、很着急，好像在追赶什么。你能否回想一下，你之前是否错过了什么重要事件，或是有什么事，你觉得是由于你行动不够快速而出现了不好的结果？不管那些事是什么时候发生的，小时候、上学后或工作后，都可以。”

他看上去很努力地在想，但很快给了我一个否定的答案：“没有啊。顾老师，我感觉自己好像一直就是个急性子。你也听了我刚刚分享的个人经历，其实我也是近期才发现自己有这个问题的，之前我一直没有意识到自己是这样的。等我意识到了，追溯回去，才发现有很多类似的事情和问题，但我也不知道是从什么时候因为什么事开始这样的。我做事好像一直都挺赶的，也没有因为行动不够快速而错过什么特别的事情。”

“嗯，我能理解，其实很多时候导致一个习惯或一种行为模式形成的因素在很早就生根发芽了，只是当事人不知道。你可能是因为没有及时面对并解决某个时候发生的一些事情或是你心中的疑虑，才一直保留了这样的思维模式、行为模式。我想听听你的成长经历，你可以和我分享一两件在成长阶段让你印象深刻或对你影响比较长远的事情吗？”

“嗯，这个我要想想。”他开始低头思考，“我觉得好像没有什么对我影响特别深远的事情。可能有吧，但我一下还真的不太能想起来。”

有时候，记忆体的起源会被埋藏在潜意识的底层，需要慢慢挖掘或特殊事件的触发才能被回忆起来。我能理解他突然被这么一问时，可能没办法马上想起来。他这个特质也许是潜移默化慢慢形成的，而不是一些重大事件促成的。于是我尝试着把问题更细化一些："没事，这个问题可能太过笼统了。要不我们从家庭开始说起吧，你可以和我描述一下你的家庭、你的父母。"

"嗯，我的父母关系不是很好，他们在我比较小的时候就离婚了，我还记得他们会争吵，后来我就和母亲搬出来住了。那段时间还蛮辛苦的，因为条件一下子就变差了。不过虽然是在单亲家庭里长大，但我的妈妈非常爱我，也很呵护我。所以从整体上来说，我的成长环境还是充满了爱的。"

我觉得家庭的一些不幸经历可能会是一个切入口，于是我决定追问一下："你说到家庭环境在你和母亲搬出来之后变得不太好，你能具体描述一下吗？你觉得这个过程中你情绪上的变化是怎么样的？"

"顾老师，我知道您的意思。那段时间虽然在物质上比较窘迫，但和母亲搬出来之后，我一直过得挺好的。我也说到了母亲对我十分爱护，让我能够健康地成长。我倒觉得这段时间自己反而变得更加轻松了。那段时间的生活条件的确不好，但我也通过自己的努力过上了现在的生活。您看到了，虽然我现在不是大富大贵，但给我母亲一个好的生活、给我自己一个好的生活完全不是问题。我不觉得这是我焦虑的原因，毕竟这已经不是一个问题了，我母亲也很满意现在的状态，我也很开心能够给她一个好的生活。"

他没有描述什么细节，也没有具体地去回忆那段时间，但他回答时一脸轻松，神情笃定，好像自己思考过这个问题，以及父母可能给他带来的影响，再问下去也不会有什么结果。他毫不拖泥带水的回答让我感到似乎方向错了，于是我又试探性地开始询问一些别的方面："看来你也思考过家庭可能带给你的影响，既然你这么肯定这个坎已经跨过了，我们就找找看别的方向，你经历过什么特别有挫败感的事情吗？"

"嗯，我觉得我前面提到的每件事情都让我有挺大的挫败感的，尤其是现在回想起来，感觉自己在处理那些问题时如果更耐心一点，现在可能会大不相同。但您要是问有没有什么事情比前面提到的那些更让我有挫败感，我一下子好像还不太想得出来。顾老师，我知道自己好像没有给您提供什么特别有用的信息，您让我再想想。"

"没事，不着急啊，这其实很正常，大部分人都需要梳理一下才会对过去的事件对自己造成的影响有一些概念。你可以慢慢地去回顾一下自己的过去，可能是一直埋在心里的事情，涉及家庭、工作、亲密关系、学校等方面的，都可以想一下。"

"嗯，顾老师我明白，我可能要花时间想想。您介意我再和您约一次吗？我想回去系统性地思考一下，我现在脑子里想不出什么事情。"

很多时候，休息一下也是一种很好的方法，可以让一个人有新的想法和灵感。"没问题，那我们约下周同一时间吧。"

这一周里，我又反复回忆了他分享的故事和后来我问他的几个问题，以及他给出的答案。我很确定他着急做事的倾向性是很早就有的，早到他可能都没有意识到是何时开始的，这才会让他从有意识以来就一直重复着这样的行为模式。我的目光重新聚焦在了他父母离异这件事情上。经历父母离异，又在母亲一人的养育下长大，小时候他必定经历过一些很重大的事情。这些在他看来已经不算什么事的经历，在当时真的得到彻底解决了吗？这么想着，我打算下次交谈时无论如何都要再深挖一下家庭这块，让他多说一些细节。

很快第二次会面时间就到了。他走进房间，脸上带着笑容，和我简短地打了招呼，坐下后从包里拿出了一个小本子，上面写满了字。“顾老师，这次我可是有备而来了，哈哈。我其实也不太知道哪些故事有用，哪些没用，但我把我能回想起来的一些故事都写下来了。希望这次的交流能够有一些突破。”

我看他如此认真地去回顾自己的过去，便决定直接就家庭这方面问下去：“那我们还是先来聊聊家庭吧，上次你其实没有说什么细节。我知道你觉得这不是造成你那些行为模式的主要原因，但是我还是想听一下。”

“那我先流水账地说说我的成长历程啊。上次我也说到了，在我小的时候，我爸妈经常吵架，后来实在是到了无法挽回的地步，他们就离婚了，我跟着我的母亲搬了出来。虽然是在单亲家庭里长大，但从小我母亲一直都对我很上心，我获得的爱绝对不比任何人少。白天她上班，晚上回到家已经很累了，但她还会很用心地为我俩做饭，把家里的事情都打点好。我知道她一直很辛苦，所以随着我慢慢长大，我开始尝试着去帮她分担一些。但这始终是微不足道的，毕竟她是家里唯一的经济支柱。”

从他的语气里我可以听出他对母亲的心疼，也感受到了一些歉意，当然更重要的是，他的母亲在他心中是相当有分量的。

稍作停顿后，他接着说道：“我也努力回想了和母亲一起生活的那段时间里我印象比较深的事情，其实不是某一件事情，而是每次和母亲一起在餐桌上吃饭时她忧虑的表情。我没法准确地形容，但是那个表情好像是累，又好像是焦虑，似乎又有点失神。当然，她把这些情绪都尽量隐藏起来不让我看到，但我还是一个比较敏感的人吧，和她在一起时能很真切地感觉到她在一点点变老。我内心是很难受的，但她不提，我也不敢提。我知道她这么辛苦都是为了让我赶快成长，能够做出一些成绩。我心里都明白，我告诉自己，默默地把自己的事情都做好，不要太过依赖母亲，争取可以早点帮她分担经济上的压力，这才是最好的解决方式。其实我上高中那几年，我母亲真的老得很快，但她还是把累都放在心里。”他越说越激动，原本背靠着椅子，但说着说着，后背渐渐挺得笔直，“其实工作之后我更能体会她的累，一边挣钱，一边还要抚养我长大。”他的言语中多了一些无奈。

“你的母亲为你付出了很多，看到你现在的成就她肯定会很骄傲吧，现在你可以让她过上好日子了。”我感觉他性格的源头露出了一些端倪，他讲述这些经历时明显变得有些激动。但我知道这背后肯定有更多的故事，单单是这些描述还不足以让他时至今日仍然受困于那种焦急的情绪。

“我真的是一路狂奔，希望赶快做出成绩。在上大学时我就花了很多时间去摸索，去找自己的方向，这样才能让我母亲安心。等到一毕业，我幸运地加入了一家很大的影视公司，之后又作为高管加入独角兽公司。我当时觉得老天对我挺好的，让我能够尽快给我母亲一个优越的生活，不用一直为我操心。说来也是惭愧，我创业之后比较忙，没法经常去看她，但我知道她是为我现在的成绩开心的。她已经等了很久，我不想让她再等了，她值得过上更好的日子，不用为我操心只需要享福的日子。”

伴随着对母亲的一些愧疚，他言语中的那丝焦急又跑了出来。而他分享的自己和母亲过往的生活经历，让我觉得这可能就是他急功近利的根本原因，他真正着急的是赶快成为家里的支柱，不让母亲再操劳。

“在你刚刚的描述中，每当你说到要挣钱或是要让母亲过上好日子时，你都不自觉地开始紧张，语气有些急迫，我几乎能看到你用这样紧迫的语气去和你的合作伙伴或员工交流的模样。以你现在的状态来看，真的就像你刚刚说的：一路狂奔到现在，做出了不少成绩。毋庸置疑，你对母亲的爱是这背后强大的驱动力。”

“你说得没错，顾老师。其实在这周重新整理过往的生活时，我逼着自己把过去所有的事情都想了一遍，我意识到，虽然我觉得那段经历对我已经没有那么大影响了，但回顾起来还是觉得那是挺难的一段时间。我从大学期间就一直规划着将来，想要尽快找到一份好工作。本科毕业时，我虽然对学术也有一些热情，但我觉得从读研究生和直接工作的投入产出比上来说，可能直接工作能让我更快地有能力保护母亲。”他突然有点哽咽了，“所以我一毕业就找工作了，我觉得在工作岗位上也能够迅速成长，更快地摸索到适合自己做的事情。”

“嗯，母亲的爱给了你很多力量，也让你有了很多的优势。因为你会比别人想得更早一步，也比别人更有决心和动力。但同时，我有一种感觉：是否有可能你把这种急切的心情带到了之后的每一份工作、每一个项目上？你想要保护母亲的渴望让你成为一个‘冲刺型选手’，事事都想尽早一步做完：想尽早一步独立，尽早一步升职，尽早一步赚到钱，实现你想尽早保护母亲的想法。这种急切可能一开始带给了你不少好处，让你充满干劲，并能高效地完成指标，就算你因此犯了些错误，但可能都不是什么不可挽回的错误。于是你渐渐形成了这样的行为模式，在更多事情上表现得急功近利。而这种行为模式在你带团队时开始发酵，因为这时你不再是一个人战斗，要快速地完成任务，你就得依靠团队，依靠大家齐心协力的合作。但你仍然保持了自己一贯着急的作风，并将这种急切的心态强行施加给了你的团队，影响了他人的工作和能力发挥。你缺乏耐心的问题因此被突然放大了，让你无法逃避了，于是你想寻找突破口，解决这个问题。”

我说完之后，他看上去有些疑惑：“顾老师，您的意思是，我的急功近利和耐心缺失，是缘于我想要保护母亲的决心？”

“我有这样的猜测是因为当你说到‘保护母亲’时，你的表情、语调都很不一样。”我接着追问，“是否有一种可能：这种保护的心态逐渐在变质？你想要保护母亲的渴望在潜意识里让你想把每件事情都最快最好地完成。但你没有意识到或渐渐地忘记了，你急切背后的驱动因素是想要保护你的母亲，所以现在你可能已经不知道自己在着急什么了，然而这个行为模式已经潜移默化变成了你的一部分：你想快速地把事业做大，让自己变强，所以你会去追求社会认可度高的事情；你对那些需要试错、回报率可能不大的事情缺乏耐心；

你没能及时纠正自己这个特质，是因为你不知道你‘着急’的初衷是保护母亲，所以你觉得每次驱动你情绪的是事件本身和你的缺乏耐心。在下一次犯相同错误时，你可能只会告诉自己宽容一点、耐心一点，但这是没有效果的，因为让你不宽容、没耐心的结没有解开。如果你不能化解心中最深层的焦虑来源，相同的问题还会再次出现，让你继续对自己感到失望。”

艾伦再次陷入了思考，片刻后说道：“好像是这样子的。我刚刚快速地回想了一下我毕业以来的工作经历，发现我的确因为自己的‘急功近利’在很多关键事件上能够冲在前面，抓住很多机会，但一碰到长跑型项目，我就比较容易掉链子，或者我就可能不会深度参与。我一直都是急匆匆的。的确，当我开始带团队之后这个问题变得很严重，开始引起我的注意。我一直想让自己更包容一点，但我的情绪还是会上来。”他皱着眉头，“我其实也知道有一个问题还没有完全解决。”

“但我心中还有一个疑惑。你在上次谈话中提到，你觉得通过自己的努力已经可以去保护母亲了，那这个问题本不应该继续困扰你，但你刚刚的情绪波动让我感受到你还有一些心结没有打开。那是什么？会不会是那个更加根源的因素？”

他若有所思，但没有说话。

“你觉得现在的你有能力照顾你的母亲，保护你的母亲了吗？”

他看着我点点头。

“其实你早就拥有这个能力了。保护母亲不需要你成为最富有的人，也不需要你成为社会地位最高的人。但因为你的盲目，你和你的初心越走越远了，反而让现在的你有些本末倒置了。你把追求金钱和地位放到了首位，它们变成了你人生的意义和价值所在。金钱和地位本应该让你能更好地陪伴母亲，但你的母亲在你生命中的比重却越来越轻。你的母亲需要的是更多的陪伴、关怀，是你花时间和她一起享受现在不那么辛苦的日子，而你却花了更多的时间在追求更多的财富上，忽略了她的需求。那么你心里还在害怕什么呢？你还在穷追不舍是为什么呢？”

他再次沉默了，这次的时间比之前的都要久。我们两个都没有试图打破沉默。我知道此刻他心里应该像播幻灯片一般回忆着自己小时候的场景。他表情有细微的变化,我感觉到他可能想起了些什么，但是他还欠缺一点说出来的勇气。

“嗯，顾老师，我刚刚回忆起了一些事情，也是一些我觉得已经过去了的事情，但可能还是在我心中留下了一些印记吧。其实当您说到我急切背后的原因是保护母亲时，我就想到了一些很真实但又不太真切的回忆。”他没有抬头看我，“我觉得我想要保护母亲的冲动不仅仅来自我们搬出去之后生活的辛苦，或是我想尽快给她一个新生活的急切。”他又停顿了。

“可能更多的……是因为我小时候没有办法保护她，看着她被我父亲欺负，甚至是被殴打……”他有些发抖，我深知这必然触碰到了他内心最脆弱的地方。他双手紧攥着放在桌上，还是没有看我。

“说起这个真的是……”他苦笑了一下，“小时候，我只能蜷缩在房间里，听着外面妈妈的哭声，颤抖，但又不敢出去。那时候我什么都做不了，我恨我的父亲，但我更对自己的无能感到绝望。太无助了！我想跑出去，我想拉着我妈一起逃跑。”讲到这里，他的右手紧紧地捏着他的左手手指，脸上的表情更加清晰地表现出他的愤怒，但他依然没有看我，而是看向了桌角。

“我没法再看我母亲受一点委屈，我没办法想象回到过去的那段日子。那段只能束手无策地看着母亲挨打的日子，我一想到就有一股抑制不住的冲动！我希望我和母亲都能完全忘记那段时间受的苦，所以相比起来，之后在经济上的难就不算什么了。我想，我渴望保护母亲的冲动，可能更多源于目睹了父亲家暴后的无能为力和心中的怨恨吧！”他眼睛里带着泪光，再次哽咽了。

这时我不用多说，他能够说出这些是一个重大突破，需要极大的勇气和决心。他已经开始面对了，面对那段对他影响极深却被他努力忘记的经历。

“我在你的分享里感受到了很多力量、很多悲痛，我想这里的情绪是需要时间消化的。我只想再强调一点，你已经有能力保护好母亲了，你们再也不会回到原来那个被欺负的时候了。你已经给了你母亲一个全新的生活、一个很好的生活！”

我等他慢慢平静下来。通常，当强烈的情绪被发泄后，咨询者会感到一定的解脱。从他轻松不少的表情上，我觉得这次咨询的目的已经达到了。

“今天分享到这里，我觉得已经是向前迈进了一大步。但这一步只是一个开始，这个心结似乎并不像你想的那样早已被你忘记，只是换了一种形式依旧存在于你的生活中，成为你的牵绊。如果你需要的话，我们可以再约见几次，帮助你更好地去理解并走出那段时间的痛苦。另外，我觉得你也可以多和你的妈妈交流一下。一方面，她需要你更多的陪伴；另一方面，了解她对现在生活、对你的感受，能够更好地帮助你摆脱小时候的那段回忆，直面现在的生活，更快地走出来。”

“好的，顾老师。”他抬头看了看我，“今天讲完这些，我的感受很复杂，既有痛苦，也有解脱。我还不知道该怎么去一点点改变这件事对我的影响，但我想这会在之后的谈话中慢慢变得清晰的。我也会去和我母亲多说说话，多互相了解一下彼此的感受。”

“嗯，我想再次强调一下，你能分享这些真的非常不容易，我很敬佩你直面那段生活的勇气。期待我们之后的谈话。”

咨询后记：

在这个案例里，艾伦的记忆被隐藏得很深，这可能是一种自我保护机制。但是，这个记忆体依然在潜移默化地影响着他的日常行为。发掘出被隐藏的记忆是认知突破的第一步，后续需要更多心理上的疏导和对过去事件的重新解读，来帮助他树立起一个更加客观的、当下的自我，而不是那个依然肩负着保护母亲重担的孩子。

如果你没有专业咨询师，在面临类似问题时，可以应用突破认知限制的三个步骤，以及关于扭转记忆体和击穿信念体的方法。

手把手教你梳理过去的记忆

记忆体最常出现在我们的决策过程中。如果我们能够理性梳理自己的决策机制，就能够有效避免记忆体的干扰。

当你遇到一个重大问题时，你可以通过记日记的方式写下对于这个重大问题你考虑的因素、你的顾虑，以及最后你得出这个结论的思考。一段时间后，你手中就会有一系列关于重大决策的记录，这时候你再去对一个个决策的记录进行分析，就能比较容易看出自己重复性的思维模式或是盲区了。

下面，我列出了梳理自我决策机制可以参考的一系列问题，大家可以选择一个过往的决定，按照这些问题来做梳理。后续你也可以建立自己的模板，根据具体情况来添加更多个性化的问题，并不断进行复盘和反思，从大量决策的真实案例中实现个人迭代。

1. 问题分析。

我要解决的是一个什么问题？

这个问题是否被清楚定义了？

这个问题是真正需要解决的核心问题吗？是否有其他更核心或更严重的问题我没有发现？

如果我没能准确地定义问题，为什么会这样？

如果我没能找到核心问题，为什么会这样？

2. 目标分析。

通过处理这个问题，我期望达到的目标是什么？

我制定的目标是否符合 SMART 原则？

如果不符合 SMART 原则，为什么会出现这种情况？

如果我在处理问题时发现目标并不具体，为什么会出现这种情况？

这个目标是不是唯一的？跳出这个目标来看，是否还有其他值得追求的目标？如果我没有考虑这两个方面，为什么会出现这种情况？

3. 因素分析。

与事件相关：

这个决策会牵涉哪些相关事件？这些事件轻重缓急的排序是怎样的？

我对信息的收集是否完整？是否客观？是否带有滤镜？为什么会出现这种情况？

我对事件的判断是否有误？为什么会出现这种情况？

当时做决策时，我是否漏掉了一些因素？为什么会出现这种情况？

与人相关：

这个问题会涉及哪些人？

在这些人里，哪些人的目标和我的一致？哪些人的目标和我的不一致？哪些人的利益和我的一致？哪些人的利益和我的不一致？我能影响哪些人？

我对人的判断有哪些是正确的？哪些是错误的？如果我没有影响到那些可以被我影响的人，是因为什么？

最终决策时我考虑了哪些因素？排除了哪些因素？排除的因素里有没有不应当被排除的？考虑的因素里有没有不应当被考虑的？

4. 权重分析。

在这些相关的因素里，我分别给每个因素添加了多少权重？

哪些因素是我过分考虑的？哪些因素是我忽略的？为什么会出现这种情况？

5. 决策分析。

我最后做出的决策是严谨地按照评估和分析做出来的吗？还是

有其他外在情况和因素影响了我？

我在做决策时是否犯了经验主义的毛病？是否因为过往的一些痛苦经历而干扰了决策？是否有不相干的回忆和假设在其中？

我做出决策时是完全冷静的吗？如果不是，为什么会出现这种情况？

我做出决策后后悔过吗？为什么会出现这种情况？

6. 复盘。

最后的决策真的是当时我能做出的最好决策吗？

如果重新做一次决策，哪些步骤我会做得不一样？为什么？

小结

1. 记忆体是惯性经验模式。它操控我们的途径有两种：一种是应用自己过往的记忆和经验得出的结论，却没有检验它是否适用于当下的特殊场合；另一种是通过对过往事件片面的解读而形成不准确的记忆，进而可能误导当下的决策。

2. 盲目应用过往经验容易犯两个错误：一个是忽略了在 A 身上成立的经验，换成 B 可能就不成立；另一个是忽略了过去成立的经验在现在也许就不成立了。

3. 记忆就像我们小时候玩的橡皮泥，一段记忆最早如果是红色的，随着时间推移会有其他新的信息掺杂进来让其变色，最后可能就变成黑灰色了。换句话说，记忆可以不断地被外界所影响和塑造。

4. 要摆脱记忆体可以有以下几种方式：转换视角、多方查证、切分法、以人为镜、自我梳理法。

5. 很多人都有一个“内在小孩”的记忆。虽然他们长大了，却因为小时候一些情绪被压抑、需求没被满足、错误的信念被内化（例如我很笨，我不会成功），而在心里留下受伤时的反应。这些受伤的记忆藏在他们心里，在他们成年后继续发芽，对他们产生各种负面的影响。这些没有处理好的“内在小孩”的记忆和情绪在后续被触发时，他们往往找不到情绪的源头，不明白是什么刺激了自己反常的行为模式，因而无法解决。

6. 自信的一个重要来源就是对自己具备能力和优良特质的笃定。当遇到挫折或别人给予的负面反馈时，我们会很容易忘记对自己所具备的能力的自信。学会坚持不懈地反编码你的记忆，以便帮助巩固内在对自己的一些能力和特质的笃定。在你受到外部打击时，这种笃定可以帮你迅速想起这些特质和能力，从而不会陷入自我批判和负面情绪，以平常心去应对挑战。这就是记忆体的正向功效。

5

击穿你的信念体

（破圈法则三）

从外界的眼光里夺回人生的定义权

鲍德里亚在《消费社会》里说，一个人在消费社会中，根本没有所谓的自由。

这个观点听起来好像很可怕。但仔细想想，我们的行为无时无刻不被外在的宣传影响。很多人可能认为自己有选择购买什么化妆品、包、家电、车等的权利，但是你可能没有权利去选择七夕节时不给女朋友购买礼物，你甚至可能丧失了不洗澡、不打扮、不精致的权利，不然你可能会收到周围人不理解或异样的眼光。

这些都是消费主义在我们思想里种下信念体的体现。

作为一个崇尚自由的人，我换过六个不同的行业，去五大洲六十五个国家玩过，不担心拒绝别人的要求，做着自认为很有意思的事情。我原先以为自己很自由自在，但是后来才发现，我的思想并没有我想的那样自由。

我有一段时间会因为自己年纪大了而焦虑，有一段时间会因为没有在国内买房而觉得自己错过了很多，也会不时地觉得自己的钱还不够花，最多就实现了“超市自由”（有能力在超市里任意消费）。可是当我沉下心来，我会发现那些焦虑、懊恼和无奈的情绪，都是源于外在的影响。

当媒体疯狂炒作“大龄剩女”时，我好像就自动代入了；当看到人们谈论炒房时，我就觉得自己好像错失了良机；当周围人都在谈论如何赚钱时，我似乎也会被他们带跑。我的情绪会因此变得起伏不定，进而影响我的行为和表现。

我的思想其实是各种外界思潮、媒体和他人观点的集合，就好像三江并流那样有很多条支流汇聚而成，其中很多还有冲突。这是因为大脑并不会刻意去一一辨析这些信息和想法的来源。慢慢地，我会形成很多原来并不属于我的观点及信念，这些就是我信念体的来源。

需要说明的是，每个人的思想或多或少都会受到外在的影响，但是这里有一个区别：你是无意识地受到影响，还是有意识地选择这种影响。

无意识地受到影响，就像我认为自己是大龄剩女那样，直接接纳了这个观点和它所赋予的负面含义，导致了自卑等一系列情绪的出现。

我并没有去透彻地思考这些问题：什么是大龄剩女？我真的是大龄剩女吗？大龄剩女真的不好吗？这些问题可以挖到“大龄剩女”这个词语背后隐含价值体系的判断标准，然后再用自己的价值观去思考这种观念是否应该被接纳。直到我做完了上面这些工作，才能说自己是有意识地选择了这种影响，并清晰地知道它会给我带来的结果。

一个人成熟的标志就是对自己的决策深思熟虑，并有勇气去接受这个决策带来的一切结果，无论好坏。

只可惜，我连第一步都没有做到，就无意识地接受了很多观点。同样地，当我对自己的一些情绪进行分析时，我会发现自己被动地接受了很多外在的信念——精英主义、达尔文主义、功利主义等。甚至，对于自己很在意的“自由”，我也没有去透彻地思考这种想法到底是我真实想要的，还是之前多年的海外留学经历被灌输的。

因此，如果我要摆脱外界的摆布，就必须对自己内在的主要观点、想法和价值体系去做一个分析，找到每一种思潮的来源，然后重新审视它们，看我是否应该接纳这些。

比如自由，这是我的一个核心价值观。我对自由的定义是清晰地了解自己的人生使命和方向后放下不相干的事物。我在审视这个定义的过程中看了不少人对自由的定义，有一部分和我类似，也有很多跟我的并不一样。我思考出这个定义时并没有读过很多相关方面的书，也没有关于外部信息输入的记忆，甚至我当时就知道别人对于自由的定义和我的并不一样。因此，只要我的记忆没有欺骗我，那么我对自由的定义应该是自己想出来的，算是自己的东西。

当我回溯自己的童年时，发现自己对自由的崇尚已经有些萌芽了。在很小的时候，我就会好奇人为什么活着。因为这发生在我出国之前，西方关于自由的思潮还没影响到我，因此我可以坦然地说，我选择这种自由作为自己追求的目标大概率是我自己的决定。之所以说“大概率”，是因为我在上一个原则里刚提到了记忆的不可靠性。如果我的记忆有误，那么这种思想很可能依然是从外界引入的，只不过我现在已经在理性和感性上认同它了。

通过分析自己的刻板观点、各种思考的来源，甚至反思自己的价值观，从而把各种思想从无意识地接纳转变为有意识地选择，这就是击穿信念体的核心方法。

当然，很多人觉得这么做太耗费时间和心力了。一个人每天会有无数思绪，一个个分析实在是太累了，何况绝大部分人也没有时间去学习和了解从古到今的各种主义、文化、思想潮流等，更不用说去做一个精准的溯源了。所以，我会建议大家抓大放小，只看最常见信念体的来源和形式，其中包括了社会认同、人设限制和负面暗示。

在探索最常见的信念体之前，先请大家做一个练习，这个练习会有助于你发掘自己潜在的信念体。

我是谁?

请拿一张白纸，在上面写下 20 句关于“我是一个 ________”来定义自己。

1. 我是一个 ________
2. 我是一个 ________
3. 我是一个 ________
4. 我是一个 ________
5. 我是一个 ________
6. 我是一个 ________
7. 我是一个 ________

8. 我是一个 ________

9. 我是一个 ________

10. 我是一个 ________

11. 我是一个 ________

12. 我是一个 ________

13. 我是一个 ________

14. 我是一个 ________

15. 我是一个 ________

16. 我是一个 ________

17. 我是一个 ________

18. 我是一个 ________

19. 我是一个 ________

20. 我是一个 ________

写完以后，请仔细地看一下你写的句子，注意以下几个类别。

1. 是否有很多句子都是对某一种角色的描述，比如“我是一个丈夫”“我是一个父亲”“我是一个公司的老板”。如果是这样，请仔细思考一下：这些角色对你来说的意义是什么？哪些角色更重要一些？还是它们同等重要？每个角色对你来说代表了什么？比如，对于某些人来说，“我是一个丈夫”意味着“我需要把家庭放在第一位，在任何情况下都不能牺牲家庭”；而对另一些人来说，“我是一个丈夫”意味着“我需要承担起家庭的重任，要赚钱养家糊口，但家庭不一定是第一位的”。这两种意义其实是有差别的，它背后体现的是你对不同社会认同的认可度。

2. 是否有很多句子是描述自己特别好的特质或正面的想法的？如果是这样，为什么一些负向的描写会在这里缺失呢？这是否代表你会以一种非常乐观的态度看待事物？或者，这代表你不愿意去面对自己身上一些不足的地方？如果是后者，其中是否可能存在一些信念体需要突破？

3. 是否有很多句子描述的是比较负面的特质或悲观的看法？如果是这样，是否代表在日常生活和工作中，你也倾向于更多地看到不好的那一面？你是否会很容易忽略自己和别人身上的一些良好特质？你是否有关于自己优点的错误信念，比如我没有什么特长，我能力不行等想法？

4. 你是否写了几句后就写不下去了？这是否意味着你平时并没有对自己是个什么样的人做过很多思考？或许你并不想轻易地定义一个人，因为你觉得在没有深度了解的情况下草率地定义一个人是不恰当的。但现在你要定义的是你自己，一个在理论上你应该很了解的人，为什么你会定义不出来呢？这是否显露出你对评价自我或评价他人的一些信念，比如“我没有资格定义他人”“我不可能搞清楚我自己”“我太迷茫了，我找不到自己”“我永远不可能得到我想要的”？

另外，这个练习也能发掘出关于自我的其他方面。比如，你是否写了很多关于兴趣爱好的描写，而忽略了自己的其他方面？这些兴趣爱好对你来说意味着什么呢？你能否发现这些兴趣爱好背后的一些共同点？也许这些共同点能为你想要从事的职业提供一些线索。你是否只有关于工作的描述？如果是这样，生活中的其他方面对你来说意味着什么呢，比如你的健康、你的朋友、你的亲密关系、你的家庭、你的兴趣爱好等？你是否把过多的精力投在工作上，而忽略了人生应该是一个平衡发展的过程？如果你发现自己的描述过多地聚焦在某一个方面，这反映了你的什么信念呢？

你是听自己的还是听社会的？

你是否发现，你在“我是谁”那个练习里写下的 20 句话中，有的句子是和你的社会认同相关的？

社会认同指的是我们用以定义自己是谁的群组成员身份或社会类别。典型的关于社会认同的描述有“我是个中国人”“我是上海人”“我是男人”“我是南方人”等。

世界著名社会心理学家亨利·泰弗尔（Henri Tajfel）及欧洲著名社会心理学者约翰·特纳（John Turner）在他们共同创立的社会认同理论中指出，我们在沟通时，通常不是以个体的角色来进行，而是以我们认定自己是谁的某一个群体的代表来进行。我们所具备的社会身份，也是由我们所属社会团体的行为准则来确定的。

因此，群体认同也包括我们常见的自我信念。有些时候，群体认同会导致我们产生一些对自我的偏见，从而形成信念体，具体表现在以下几个方面。

1. 如果我们不清楚群体认同所包含的概念，就很容易认同到其实并不属于这个群体特征的概念。比如，我曾经让几百个人阐述他们心中对于男性和女性的印象，到底哪个群体是强势的，哪个是弱势的。然后我发现 90% 左右的人认为在中国社会里男性处于强势地位，还有 10% 左右的人认为在中国社会里女性处于强势地位，而这 10% 的人中有男也有女。所以，如果你是在那 90% 的人群里，你就会发现另外 10% 的人所认同的概念和你认同的是完全不一样的。基于这两种不同的认知，你们就会产生不同的观点和行为。比如，你会发现，那些认为女性处于强势地位的男生，对女性常常有羡慕的感觉，而认为男性处于强势地位的女生，则更可能在男生面前做出妥协。

2. 人们容易因为对社会的认知而产生相关的期待。通俗地说，就是你觉得这个人应该是什么样的，这个人就会是什么样的，或者你觉得自己应该是什么样的，你就可能表现成什么样。

心理学家曾经做过很多相关的实验。罗伯特·罗森塔尔（Robert Rosenthal）曾经研究了学校课堂里的期待效应，他和助手们挑选了一所小学（包括 1—6 年级 18 个班）作为实验对象。他们首先对全校学生进行智力测试，然后按照随机抽样原则抽取了 20% 的学生。随后，他们将这些学生的名单交给该班的所有任课老师，并且告诉这些老师，这些都是经过测试被证明具有培养前途的学生，希望他们注意保密。这样，被挑选出的这 20% 的学生就作为实验组，其余学生成为研究的对照组。18 个月后，他们又对该校学生进行了智力测验。结果发现，实验组较对照组智力测验分数有更为显著的提高：实验组全校六个年级学生的平均智商增加了 12.2 分，而对照组只增加了 8.4 分。造成实验组学生与对照组学生之间差异的原因，在于这份名单对教师的心理暗示，使得教师对实验组学生抱有更高的期待。由于这种良好的期待，教师在日常教学和师生交往过程中，会有意无意地对这些学生表现出更多的鼓励、赞许等积极态度。学生因为老师对自己的关心、重视和鼓励而增强了自信，学习更加努力，从而表现更好了。

这就是为什么你可能会经常看到这样的故事，某成功人士在描述自己的学习经历时，会提到自己一直是个差生，直到遇到了一个特别赏识他的老师，人生才发生了巨大的变化。

3. 群体认同不光会影响个人的行为，也会影响个人在整个小组里的表现。

举例来说，对于男性占强势地位还是女性占强势地位的认知，会通过潜意识影响我们在一个群体里的初期感受。如果一个认为男性占主导地位的女性加入一个全是男性的团体，她在潜意识里会扮演一个非主导型的角色，不太愿意担任领导性的职务，这可能在一定程度上解释了为何在一个男性很多的小组里，男性通常更有可能担任领导角色。

在讲完社会认同的影响后，我们来看一下它的三个类别。

被给予的：外界给予你的，但是你本人不一定会认同，比如大龄剩女这个概念。

自我选择的：你选择去认同这样的概念，但是随着心智的成熟或心理状态的变化，你可能会放弃相关的认同。比如我最早特别在意“公平”，但后来就没有那么在意了，因为我意识到世界上没有绝对的公平。

核心的：不变的、最认同的。因为它是不变的或是你最认同的，所以核心认同也会影响你对自我的认知，比如你理想的自我就可能会包括这部分的社会认同。

很多时候人们会把被给予的认同当作自己的核心认同，如果这种情况发生，就很有可能导致人们对自我认知的不精准。如何知道在你的理想自我或真实自我中是否包括了一些被给予的认同？你需要做的是仔细思考自己每一个关于群体认同的认知：哪些是你通过透彻思考后依然认为是核心的社会认同，哪些只是被给予的而实际上你并不认同的社会认同。把你不认同的那些剔除出去，就可以得到一个更准确的关于真实自我或理想自我的认知，同时也突破了自己的某些信念体。

下面我们来做一个练习，检测一下你的社会认同是否存在一些偏差。

以下有十个类别的社会认同，前面四个是可见的（别人可以观察到的），后面六个是不可见的。每个类别请你选择：根据你对社会看法的理解，自己是强势群体中的一员还是弱势群体中的一员。

比如，关于性别，我会认为在中国社会里男性是强势的，而我是女性，所以这里我给自己确定的是弱势。而在学历一栏，因为我有全世界排名第一商学院的学历，本科也是在常春藤大学就读，所以我给自己确定的是强势。最后请你计算一下在这十个类别里，你有几个是强势的，有几个是弱势的。

可见				不可见					
性别	年龄	外貌	身高	学历	职务	家庭背景	地域	婚姻状况	财富

强势群体总数 ____

弱势群体总数 ____

最好让你周围的人一起和你做这个练习，这样有了对比，你才能发现自己对于社会上一些群体概念的认知偏差。

曾经有个学员把自己的学历确定为弱势。他本科毕业于中国的一所知名大学，但是因为他的家人都有硕士或博士学历，而且他的哥哥姐姐都毕业于海外名校，所以他本能地认为自己在这方面是属于弱势的。他之所以会有这种认知，是因为他把自己周围人这个小圈子当成了整个社会的一个缩影。当他到外面跟别人打交道时，如果别人的学历比他高，他就会本能地觉得自己低人一等，形成了“我学历不够好”这样一个信念体。但他却没有意识到在很多人眼里，他本身也是一个学霸。

你可以考虑隔一段时间再做一次这个练习。我发现很多人在不同的阶段确定的强弱情形会有变化。曾经有个学员一开始确定的是十个强势，没有一项是弱势的。但是当他听完周围同学的发言后，他就自发地改成了五个强势五个弱势。这说明他是一个很容易受外界影响的人。也有的人，当他整体状态不好时，他会倾向于将更多选项认定为弱势；而当他状态比较好时，则会将更多选项认定为强势，尤其是当他对一些选项本身强弱感知并不明显时，更容易出现这种摇摆。比如，如果你出生在二线城市苏州，当你状态好时，可能会认为苏州虽然不是省会城市，却依然拥有全国排名前七的GDP，因此会为自己出生在这座城市而感到自豪，在这个选项上认定自己处于强势。而当你状态不好时，你可能会想，跟北京、上海这些大都市比，苏州有很多不足的地方，从而在这个选项上认定自己处于弱势。所以，这种对于强势、弱势的认定，也能反映出你本身状态的好坏。

如果一个团体来做这个练习，你会发现认为自己强势选项占多数的个体通常都是在这个团体内比较活跃、勇于发言的，或者说他们在这个团体里承担的是主导的角色。而认为自己弱势选项占多数的个体在团队中通常会更沉默一些，或者说更愿意服从其他人的领导，也就是说他们在这个团队里承担的是非主导的角色。

换句话说，这个练习不单能让你了解自己在社会认同上可能存在的偏差及自己在社会认同中的定位，还可以反映出你潜意识里在团队中承担的是主导角色还是非主导角色——强势 = 主导角色，弱势 = 非主导角色。

主导角色不一定在数量上占优势，但一定会在团队里有更大的影响力和更强的自我能动性。很多时候，主导角色也是被给予的，而不是自己选择的。比如，在一个课堂里，老师就会被自动赋予主导角色。同样地，学生选出来的班长也会被赋予主导角色。不好的一面是，主导角色经常只考虑自己，不会深入考虑自己作为小组一员需要承担什么责任。

非主导角色通常被视为群体成员，他们更多考虑的是作为团队成员应该如何行动，比如说配合主导角色、执行他们的命令等。

这个练习的结果能够帮助我们理解为什么在团队刚形成时，有些人就会自发地担任主导角色，其中部分原因是这些人在社会群体中先天的强势认知，而这种强势认知会让他们更愿意担起主导角色的责任。如果有人希望能够改变一个团队里主导和非主导的角色，以及由此掌握的权力大小，那他可以在后续过程中通过自己的努力克服这些先天认知上的劣势，以一种能被团队成员认可的方式获得大家的尊重，从而成为新的主导角色。比如，我们在生活中常常会见到那些一般院校的毕业生，因为刻苦勤奋和符合公司文化的表现而获得其他人的尊重和老板的喜爱，从而更快地得到晋升。

回归到信念体这个话题上，当你做完这个练习后，可以从以下几个方面对自己做进一步的思考。

1. 在这些强势或弱势的选项里，哪些是你在个人层面上并不认同群体观点的？比如，我见过有的学生虽然认同在中国社会里男性占主导地位，但她个人更认同女性需要表现强势，从而导致她内心产生了矛盾和痛苦。所以，当你发现有这些冲突时，一种解决方式是询问周围的人来获得更多支持，或搜索一些能够打破你对社会认同固执己见的信息，比如同工同酬的数据、女性高管的比例变化等，从而减轻因为当下的社会认同和自身价值观不一致而造成的内心痛苦。

2. 哪些社会认同可能是错误的？比如，那个明明毕业于很好的学校却依然认为自己学历是弱势的人，可以去检验一下自己对于这个社会认同的理解是否准确。如果他了解到，在中国绝大多数人学历都不高，那他对这件事情的理解也许就会不太一样，在待人接物时也能变得更加平和、不卑不亢。

3. 你是否曾经因为一些社会认同而限制自己？比如，有的女生年纪大了还没有谈婚论嫁，就会给自己贴上“大龄剩女”的标签，然后在婚姻这一项给自己打上弱势，在婚恋、亲密关系相关的话题上显得支支吾吾。而有的女生却觉得单身特别好，又自由又有无限的可能性，从而在这个选项上认定自己居于强势。前者是因为她接纳了社会认同给自己添加了很多限制性的思想，而后者没有这种思维限制，所以对待生活的态度就会更积极。在这种情况下，前者可以借助后者来帮助自己拓宽看待世界的方式，看到不同的社会群体所持有的多元化观点，从而把自己从这些束缚型的思想陷阱中解放出来。你也可以多找几个人来问一下外在可见的那四项，来获得不一样的视角。而这些不同的视角也许能让你放下对于外在一些东西的执着，更多地关注到内在的成长。

4. 你是否会因为你的一些社会认同对他人产生歧视？比如，就地域来说，有人可能会对农村人产生歧视，有些人可能会对河南人产生歧视，其原因可能是他们没有充分去了解这一群体。因此，请你看一下自己对于社会群体特质的概念和理解是否隐藏了一些对他人不公的看法。这些不公的看法很容易导致你在接受来自这些人的信息时进行有选择的倾听，从而错过一些重要的信息，或在看待他们的一些行为时容易有偏向恶意的倾向。

尽管上面这个练习讲的是社会认同对个体认同的影响，但是很多时候，社会认同会以一种标签的形式展现在个体身上。很多人也会习惯于给自己或给他人贴标签，比如“精英”“学霸”“直男癌”“拜金女”“斜杠青年”等。因标签而产生相关的认同，并因此束缚了自己，也是一种常见的信念体。

不要让过去的标签困住当下的自我（深度案例 4）

下面这个案例的主人公就是因为过度认同社会给予他的标签，而让自己陷入了困境。

一会儿要和 M 见面了。M 是我之前认知课程的学生，那时他还在一家互联网公司中摸索。上完那个认知课程后，他毅然决定在公司内部创业，并获得了不小的成功。现在，他又迈出了人生中新的一大步：离开公司自主创业。在那次认知课程结束后，我们有一段时间没有见面了，得知他放弃稳定的工作决定创业时，我内心有些小激动，可能是感觉这对他来说会是个巨大的突破。我十分期待和他再次深入交谈，想知道我们的这次交谈会碰撞出什么火花。

想着想着，听到了敲门声。“请进。”M 走了进来，露出了憨憨的微笑。“哇，顾老师，好久不见！”他说着张开了双臂。我也露出了喜悦的笑容，走上去给了他一个拥抱，并说道：“看来你最近状况很不错啊，怎么突然想到要找我谈谈？”

M 收起笑容，利索地搬出椅子坐了下来。他喝了口咖啡，说：“顾老师，你也知道我前段时间离开了公司，开始创业了。我其实挺有自信的，找到了很靠谱也很有业内资源的投资人，现在也有一个很高效、相处得很融洽的团队。但我最近和身边的人进行交流，和他们说我创业的事情，却得到了大相径庭的反馈。有的反馈极为正面，有的反馈却非常负面，让我很难对我现在的状态做出一个客观的判断。我一会儿感觉自己充满了干劲儿，一会儿又感觉被活生生浇了盆冷水，所以想来和你深度地聊一下，帮助我认清自己的现状。”

他的这番描述倒没让我惊讶。在生活中，人们通常是很难收到中立而真实的反馈的。比较亲近的人往往会夸大你的长处，在你出现问题时也会尽量从积极的角度去帮助你分析。而不太熟悉的人经常会贸然做出判断，看你不顺眼的人更是会以抨击你为乐。我们其实都非常需要一个可以坦诚交谈的朋友。我相信 M 有这样的判断能力，而且在之前的认知课程里我们也讲过真实反馈的重要性，所以他来访的原因应该不仅仅是收到了极端的反馈而想从我这里听到比较中肯的建议，而是肯定有让他感到困扰的更深层次的原因。我便顺着这个思路开始发问："是什么样的负面评价呢？"

"负面评价大多比较类似，比如说我还是挺书生气的，学院派，看上去没有什么野心，性格也比较温和，最后往往会得出我不太适合创业，或者不像一个创业者之类的结论。"

乍一听这些词，我觉得并不能得出他不像创业者或不适合创业的结论。创业者可能需要具备一些特质，但因为"性格温和""书生气"这种特质就草率地得出结论，那些给予负面评价的人显然并不了解M。不过让我更在意的是，M他自己对哪个部分的评价比较介怀。

"你知道这些评价都很片面，但我比较好奇，你觉得让你感到被冒犯的，是他们给你的这些评价，还是他们最后得出的你不适合创业的这个结论呢？"

M认真思考了一下，说道："我来分析一下我的想法啊。首先我挺讨厌'学院派''书生气'这两个词的，这两个词给我最直观的感受就是说我不够成熟，不够有城府。"他喝了口咖啡，接着说，"我其实一直会收到说我没有野心、性格温和的评价。记得以前在校时也有同学给我这样的评价，我可能就是会给人这样的感觉吧。其实别人对我有这样的印象我倒不是特别介意，我在意的可能是很多人会从对这些特质的分析中得出我不像创业者的结论。每次这样的谈话结束后，我就会反思创业者应该是什么样的。但当我看向身边那些比较成功的创业者，再把他们的性格、经历和自己的比较之后，发现有很多差异，好像那些评价也没错，这让我有点不知道该如何看待自己的状态和创业者这个身份了。”

“你对于创业者的理解是什么呢？”我有些惊讶，他思考过后竟认可了这部分负面反馈的内容和逻辑。有时候，分析内在感受对于一种角色的定义就可以解决一些困惑。

“我觉得有两个层面吧。一个层面，从做的事情上来说，我觉得创业者是那个把产品从零到一做出来的人。有一个产品的想法，自己组建团队，然后带领团队一起向一个方向努力，直到把这个产品从想法变为现实，并不断迭代。另一个层面，我觉得创业者需要能够掌控大局，有野心，在做关键决策时，即使别人反对也需要对自己的想法充满自信等。但是我给别人的感觉,似乎并不具备这些特质。我现在在创业过程中好像还没有碰到以上的情形，我不知道在碰到以上情形时，我是否会表现出一个优秀创业者的特质。”

给某个人或某类人贴标签往往是最危险的事情。“只有拥有狼性，才是成功的创业者”“只有×××，才能成功”，其实都是一种过于简单的表述。这些单一归因的方式会让人形成线性思维，而忽略事物往往是复杂而多样的。很多时候，这甚至变成了人们不思进取的借口，比如“我就是这样子的人，没法改变”“我就是没有留学背景，就不行了”。如果我们运用“如何做到透彻的思考,直击问题的本质？”里的方法，就可以发现其中包括了大量的假设和武断之处。世间没有那么绝对的事情，每种情形都可能有黑马或者黑天鹅的存在。而标签容易让人忽略多元的解决方案和视角，只聚焦在被标签化的点上。深挖这些标签是如何形成的，有助于我们发现更深层次的原因和潜在的解决方法。

“你刚刚说你观察了一些成功的创业者和你自己过往的经历得出

了这个结论，你可以说说过往经历这部分吗？”

“当然可以。当时来上认知课时，我还在原来那家互联网公司工作。那时候，我就是个中层，来上课是希望能找到一些突破口。让我特别开心的是，课上的内容对我有很实质性的帮助。当时上完课回公司之后，我和我的主管在项目 A 的发展上存在一些不同意见。我俩对这个项目的前景和发展方向有着不同的看法，我当时觉得他说得不太合理。如果没上你的课，我可能会为了避免冲突，让这件事情就这么过去。”

我想到他刚来上课时的样子，露出了理解的笑容。

他接着说道：“但是因为在课上我也和几个同学争执过，甚至起过比较直接的冲突，而这并没有让我和同学们的关系破裂，坦诚表达自己的观点反而使我们都能充分理解对方的真实想法，化解彼此心中的不满。这给了我很大的信心，让我对人际关系有了新的认识。”说到这里，他露出了自信的微笑。的确，如果有了成功解决纠纷的经验，一个人就会因此建立起相关的信心。

“所以当我和我的主管意见相左时，我就没有退让，并且非常坦诚地表达了自己的疑虑。最后我们的确起了一些争执，互相说了些不太好听的话，但最终我的执着让我争取到了独立负责这个项目的机会。刚接手时，这个项目亏损得很厉害，几乎是公司的弃子。于是我便自己搭建了一个国际化的团队，重新开始构思产品。我和团队一起努力了近一年，最终让这个项目扭亏为盈。这是一次成功的内部创业，而且是在我能用的资源并不多的条件下获得成功，我还是感到很自豪的。从这件事来看，我觉得自己摆脱了那些别人给我的标签，书生气啊，性格温和等。”他稍作停顿，我深深地感受到他的兴奋，也替他能有这样的突破而开心。

“但我现在的创业经历好像没有给我同样的感受，我没有去 fight for something（为一个东西去争取和奋斗），好像一切有些过于顺其自然，过于顺利，这样的情形仿佛让那些标签又回来了，让我又缩回了壳里。我不知道是不是我没有去努力争取，是不是应该更加激进，不知道自己算不算一个合格的创业者。”

听到这里，我好像有点明白他感受上的落差从何而来了。他在心里给创业者贴上了很多标签，而这些标签一方面是从他以前那次成功的内部创业经历中总结出来的，一方面可能也受到了一些外界的影响。由于从创业到现在并没有出现特别严重的问题，他心里的这些标签并没有给他造成太大的困扰，可是当他和别人交流后，这些快被遗忘在脑后的标签又重新来到了眼前。他开始将自己和这些标签一一进行对比，发现自己当下的创业状态和他之前被人认可的、称得上十分成功的内部创业时的状态并不一样，这两者的不匹配以及目前创业不温不火的状态让他开始对自己产生怀疑。其实，信念体也可能是自己创造了一个角色，然后自己又代入这个角色。

我觉得还是从头开始梳理这件事更好：“当时你决定离开公司开始创业，是抱着什么样的心态呢？”

“当时在原来的公司，我接手的那个项目已经比较稳定了，我带着团队把产品从零到一做了出来，产品在市场上也得到了极大的认可。我觉得那个时候工作逐渐变得平稳，没有从零到一那么有挑战性了，我感觉自己进入了舒适区。加上内部创业终究会用到公司的很多资源和名气，我觉得这是站在巨人的肩膀上，让我无法知道自己真实的水平。所以我想，干脆脱离舒适区，这样我才能更好地成长，也才能获得更大的成功。”

其实，这里也有一个逻辑上的跳跃，就是在内部平台依然可以有成长，只是可能要花点时间去寻找。

“你怎么定义更大的成功呢？”

“首先当然是财务上的回报。其次，我希望能从零到一做出一个更成功的产品，影响到更多的人，同时也让我团队的成员感受到自己在其中的价值，让团队中的每个人都能有一种归属感和荣誉感。”

“你反复强调从零到一做出一个产品，这对你来说十分重要？”

“嗯，你说得对，我觉得在内部创业那段经历中，这个从零到一的过程是最有价值的，不仅是对自己的多重挑战，还要有全局观，要掌握技术，要理解市场，要带团队，等等。这是能让团队和我自己最能感受到荣誉和自身价值的部分。”

他的回答进一步验证了我之前的猜测——不管是对成功的定义，还是对创业者的定义，他都过度依赖之前的那次成功经历。我尝试着拓宽一下他的视野。“你觉得当时一起上认知课的同学里，谁是成功的创业者呢？”我特别期待他的回答。

“他们都是。深入了解他们之后，我觉得他们每个人都值得敬佩。”

“你觉得他们的哪些特质值得你去敬佩？”

“他们很真实，有血有肉，有感情，有激情。那是我第一次那么深刻地感受到创业者群体的温度。他们做着不一样的事情，有的人失败了，有的人甚至失败了好几次，但他们身上有一种锲而不舍的精神。我还深深地记着当时一位分享者说的话：‘创业者投入在这个行业里的一切也许是渺小的，但他们选择了这个行业，就成了这个行业的书写者和贡献者，不分大小。’从长远意义上来说，他们都是成功者。”

“是的，这句话说得十分精彩，你有没有发现你并没有用你的成功定义去衡量他们的价值？”

他笑了：“哈哈，是的，我说完那个答案就意识到你的意图了。这似乎轻易击碎了我自己对‘成功’和‘创业者’的定义。”

很多时候，人们对于一个概念的初步印象可能源于外界，这时候他们要去深度描述自己脑海中的概念，这样才能摆脱外在的影响。

“我记得你当时来上课时一直怀疑自己是不是够资格上那个课，因为其他同学都有更加丰富的创业经历，很多还有过成功的创业经历，有些同学虽然经历很曲折，但也算是创业老兵了，只有你刚从国外读完书回来。你还记得第四天晚上发生了什么吗？”

“哈哈，当然记得，那天我算是‘爆发’了。”

我回想起那次课程的第四天，其中一位创业者A质疑了M作为一个“打工仔”为什么要浪费时间来上一节为创业者设立的课程。在A提出质疑之后，先后有另外三个创业者也提出了相同的质疑，称他为一个没有实力的“中层管理人员”，说他不值得被投资，说他看似激进地在学习，其实并没有学到什么……面对这些质疑，M一直保持沉默，又或是在刻意压抑自己的情绪。但这个被触发的情绪终于在那天晚上的课程总结时一并爆发了出来。

那天晚上，M是最后总结自己感受的学员，所有人都盯着他等待他的反馈。我还记得M当时是这么说的：“我有三个感受吧。一是累，一开始那些不痛不痒的交流让我感到心累，接着又有四个人接连出来质疑我，这其实对我产生了很大的影响，而我忍了一下午，也感到很累。”

他的声音听起来有些疲惫，但语气却很尖锐。“第二个感受是疑惑。说实话，我从上课第一天起就想过我到底属不属于这里，我不是真正的创业者，我不知道大家是怎么想的。”他突然扫了一眼所有人，问道：“你们谁认为我不应该参加这次课程？你们谁认为我不应该和你一起出现在结业的回忆录里？我是不是根本就不属于这里？”他看向大家，全身紧绷，似乎在等待一个答案，但又快速接着讲了下去。“第三个感受是不爽。对，我的确只是个中层，我也想作为高层参加这个课程，给大家带来更多的价值。可是我很珍惜这个机会，我不希望这个宝贵的训练机会溜走。也许大家说得对，我的水平就是一个中层，这真的触发了我很不好的感受：是的，我太弱了。但我又不愿意面对自己真实的水平。我的欲望超越了我的能力，可是，即使在职场，我也想带领好我的团队，我也希望做好我的产品，让它不要被砍掉。我也希望我能够带着我的团队升职加薪，而不是遗憾地走掉。我也想学习领导力，想学习企业家精神！”

他几乎用呐喊的方式结束了这段总结。说完之后虽然他看上去松了一口气，但看得出他的身体依旧处在很紧张的状态。

出乎他意料的是，做完这段分享之后，他马上收到了很多正面的反馈，很多质疑他的人表示他们这样直接地提出问题，是想帮助他直面他的心结，能够有更大的突破。大家也对他表达了更全面和更深入的看法，来来回回几次真诚的交流之后，M渐渐平静下来，也感谢了伙伴们的支持。

M那天晚上的发言，让我看到了一个敢于直面自己自卑的人勇敢跨出的第一步，也让我看到了他的潜力、爆发力和想要突破自我的决心，所以那晚的对话一直让我印象深刻。

我从思绪中渐渐回到当前的对话中……

“是啊，我也记得很清楚，我觉得那是一个很勇敢的举动。你当时说出了很多心中的不安，尤其让我记忆深刻的是，你说自己的水平一般，但你很希望带着自己的团队做好产品，你的欲望超越了你的能力，但你也不想再做一个老好人去藏着掖着，于是你把你对大家的不满，或更多的是你内心的恐惧，呐喊了出来。”

M 听着有点不好意思了，看他的表情，他显然对那段经历还有着很深的印象。

“让我尝试着把这些点连成线，来分析一下你困惑的来源。”

M 点了点头。

“你和当时的公司主管起了争执并因此拿下项目，然后带领团队从零到一完成了一个成功的产品，这个经历对你来说意义重大，在某种程度上完全消除了你对自己的焦虑：能力不够、水平一般、欲望超过能力等。在这个过程中，你打破了自己老好人的形象，你不再尝试取悦每个人，而是勇敢地和主管据理力争，并证明了自己的价值。它让你彻底摆脱了以前的‘非创业者’特质，比如性格温和、不够激进等。于是你把那段经历塑造成了你心中的成功典型案例，那个成功案例中的你是一个近乎完美的角色，不管从商业决策上还是团队管理上，你都在最佳状态。那段经历便成了你对‘成功’‘创业者’等的唯一定义。而现在这段创业经历不像之前的那么‘刺激’，不需要你去救活一个亏损严重的项目，也不需要你去和一个权威产生争执，并在这个过程中坚持自我。这次创业没有那么多大风大浪，这种比较平静的创业过程让你有些不安，它不太符合你对创业的宏大叙事，没法让一个激进的你再次出现在舞台上，你因此开始质疑自己是否能被称为创业者。这也是为什么那些原本应该无关紧要的负面评价却对你产生了那么深的影响，因为它们恰好击中了你的痛点。你的内心也觉得你不完全符合创业者或成功创业者的标准，因而更加动摇。”

他微微点了下头，紧紧地抿着嘴，没有当即给我回应。短暂沉默之后，他说：“顾老师，你总是那么犀利。我还没有完全理顺，我需要好好反思一下,不过你刚刚那段话的确让我有不少共鸣。我对‘成功’和‘创业者’的理解是单一的，在很大程度上是基于我那次成功的内部创业经历。我会好好思考一下的。”

“别着急，你也知道我的风格，不光给出建议，还必须有可执行的改变计划，不如就从重新定义‘创业者’开始。”

他突然笑了：“这下可难倒我了，我得好好思考一下。我知道每个人对创业者的定义都会不同，每个人对这个词的感情也不同，我觉得我之前的定义包含了我当时对创业和创业者的理解和情感，一下子不知道怎么去推翻。”

“我不否认每个人对创业者都有自己的定义，但一定也要意识到这不是唯一的定义，而且这个定义应该是不断变化的，会随着你的经历、你的认知、你对生活中事物优先级排列的变化而产生变化。但你并没有根据这些变化去调整你对成功、对创业者的定义。你已经迈出了新的一步，脱离了以前的环境，在尝试找到新的突破口。不论是你现在所处的行业、你身边的人，还是你做的事，都是新的，都变了，但你却依旧在用上一个阶段对成功的定义来定义你的现阶段,尝试衡量你现阶段的得失。或许你现在不需要过去的‘惊心动魄’,或许你的能力已经能够很从容地组建团队，把产品做出来。因为你已经历了从零到一的过程，而现在对你更具有挑战性的是怎么让业务可持续地长期发展，怎么从一走到一百，从一百走到一千。”

他听得非常专注，并说：“是的，你说得很对，我之前的想法并没有充分考虑我所处的新环境，让自己跳出已有的框架，可能是想复制自己过去的成功。但这个想法不太可取，我和我做的事情都变了。”

“很好，你已经认识到这点了，这是很重要的一步。那你回去后可以接着思考一下你对成功的定义是否受到了过去经历的限制，怎么被限制的，然后好好地迭代一下你的人生字典吧！”

“谢谢顾老师，又是一次受益良多的谈话，听你这么一说，我意识到自己虽然从上次创业中指数级地提升了自己的能力，却没有认真地进行认知上的迭代，或者说没有迭代完善吧。是时候再好好地审视一下自己了，我会再来和你‘做汇报’的！”

说到这里，我们会心一笑。

M 的领悟能力不容小觑。过了几天，我便收到了他发来的消息，和我深入地剖析了他对部分事物的理解为什么还停留在过去，也分享了他对于自己现阶段的思考和对那些正负面反馈的分析。其中一个很有意思的点是，他这些“老好人”“书生气”标签的背后还有一个核心标签——儒商精神。

M 从小生长在一个文化气息很浓的环境里，他有一个事业上非常成功的长辈，这个长辈对他影响极大，而这些影响慢慢地塑造了他对于商业应该如何运作的理解。在他的理解里，儒商精神，或者说温文尔雅、声誉优先的信念在他的心里慢慢发芽。因此，当他接触到互联网这个新兴行业时，他发现这里的文化气息与儒商精神有很多不同。而“儒商精神”的标签表现，也就被周围人认为是“老好人”或者“书生气”。所以，在M对于自我认知的挣扎背后，其实是两种商业文化的相互冲击。在很多传统生意环境里适用的“儒商精神”，在发展迅速、日新月异的互联网创业中可能就不太适用了，而M没有认知清楚这两种应用场景和时代的不同，导致自己被过往的核心标签困住。

要摆脱这种情况其实很简单，首先M需要建立起更多元的世界观和价值观，意识到过去的标签有其特殊的应用场景和应用对象，而自己如今所处的环境需要新兴的行为和思维模式，这些是他之前不具备的，但是并不表示他做不到。

很多人会犯一个认知上的错误，就是认为自己的标签是不可改变、不可进化的。其实完全不是这么回事。标签只是人在某个阶段为了简化认知而赋予的描述性词语，如果你把它当成对自己人格不变的表述，其实是过分放大了标签的力量，使其变成一种信念体。

标签可以很轻松地被撕下、被迭代、被修改。就像M，当他回到家族中和长辈交流时，他依然可以应用“儒商精神”，因为在那个环境里，这相当合适。而当他回到互联网创业环境中，就需要带上他之前成功创业经历赋予自己的标签，而不去在意那个“儒商”标签。

当然，这一切都是基于M的努力，如果他不想要新的标签，也可以守住老标签，只不过在那种情况下，也许回归家族的生意或者换一个更注重“儒商精神”的环境，他会更如鱼得水。——有时，如果换了一个不适合的环境，原本的信念就可能变成禁锢你的信念体了。

无论M的决定是什么，当他意识到自己过去的核心标签所带来的影响时，就已经迈出了解决问题的第一步。这就是击穿信念体带来的好处。

我期待着未来一颗儒商新星的冉冉升起！

你是为自己而活，还是为人设而活？

人设，指的是对人物形象的一种设定。很多时候，当我们看娱乐新闻时，经常会看到某某明星的人设崩塌了。其实不光明星有人设，很多普通人也有人设。人设如果应用不当，就会成为你的信念体，会对你的行为决策和思考造成很大的限制。

在我接触的学员中，我发现了以下几种常见人设，如果应用不当就会出问题。

彪悍者。有的人信仰彪悍的人生无须解释。我自己也有这种人设，我认为自己是一个极度坚强独立的人，因此以前的我会拒绝接受别人的帮助，也不会去寻求他人的帮助。我不太会展示自己脆弱的一面，为了掩饰这一点，有时候我甚至会故意和他人保持一定的距离。这种人设虽然一方面让我能够具备独立处理问题的能力，但另一方面也让我在面对自己无力承受的困难或关卡时，找不到方法去突破，还会让很多人觉得我是一个很有距离感甚至比较冷淡的人。

受害者。有的人因为过往的一些经历而给自己编织一个受害者的人设，认为自己挺可怜的，在极端情况下甚至会认为外面很多人想要加害自己。这种受害者的人设在处理人际关系时往往会带来一些很棘手的情况。后面我们会用一个案例来阐述这种人设所带来的信念体及其后果。

真实者。有的人经常把真实挂在嘴边，目的却是方便自己。比如，有的人会故意标榜自己是所谓的直男，因此就可以不考虑别人的感受，拒绝学会共情。这种人设会成为妨碍自己进一步成长、学习深层人际交往技巧的借口和障碍。

控制者。有的人认为一切都要在自己的掌控之中，所以当事情没有按照他的预期发展时，他就很容易失态。在人际关系中，这种人通常也会让另一方没有自由成长的空间。

依赖者。但凡有控制者必然就有依赖者。依赖者通常把自己看成是弱者，需要借助外力才能生存下去。而在这样的信念中，他就丧失了自我成长的能力，很难有意愿去学着自己面对现实并解决问题。

讨好者。讨好者虽然不像依赖者那样需要别人，但是他会极其担忧自己和对方的关系。有的讨好者因为担心对方会忽然离开自己，而不惜牺牲自我来维持这种关系的稳定性。

完美者。有的人认为自己不可能犯错，因为自己是完美的。完美者对错误的容忍程度接近零，所以一旦自己出错，他要么不惜任何代价去掩盖这个错误，要么会陷入极度的自责、自卑。同样地，完美者通常也不允许别人犯错。

有时，人们还会根据这些人设在潜意识里给自己编织出很多故事，然后按照这些故事去生活。也就是说，他们根据人设编写了自己的人生脚本，从而将预言变为现实。比如，有受害者倾向的人可能会习惯性地从“我是一个受害者”或“周围人都对我不怀好意”的角度去收集信息，从而得出很负面的结论。而没有这种倾向的人，对同一件事情则会有不一样的解读。比如，同样是对于别人的笑，有受害者倾向的人可能会认为是嘲笑，对方不怀好意；而没有这种人设的人就不会编出这种故事，把它当成一种普通的笑。这些有选择的信息输入和内在对于记忆的编织会加深有受害者倾向的人对受害者这一人设的坚定信念，从而让“我想看到什么，就会看到什么；我觉得会发生什么，就会发生什么”的自我预言变成现实。

发现自己的人设是第一步，我们还需要分析出它们适合的应用场景，然后通过不断练习来让其为己所用。毕竟，人的心理之所以会产生人设，和计算机有不同运行模式类似，是为了更好地应对生活和工作中的复杂场景。当你能够随心所欲地按照你的意愿去应用你的人设时，你就具备了对自我的极大掌控了。

要掌握自己的人设，我们需要做到透彻的思考和持续的实践。核心点是通过不断的练习把无意识的人设控制变为有意识的自我主导：首先分析出自己在什么情形下会被这种人设控制，具体的行为和表现会是怎样的；然后通过分析来找到合适的人设替代品或新的信念，最后通过刻意练习让它成为你新思维模式的一部分。我们并不是要完全摆脱人设，而只是要学会控制它们出现的场合，让它们在恰当的时机出现，给我们带来我们想要的结果。

比如，除了“彪悍者”，我还有另外几个人设，其中一个是智慧的老师。这个人设通常在我授课、给别人做咨询或帮别人解决问题时自动上线，它对我完成需要完成的工作极其有用。但是在跟朋友聚会时，这个人设就不会上线了，不然大家都会觉得和我聊天有压力，破坏聊天氛围。

做自己人生脚本的编剧（深度案例 5）

在这个案例里，案主最早是想解决公司管理的问题，却没有料到，这问题背后是她根深蒂固的一种人设在作怪。

“在准备解决问题时，我一般会采取三个步骤来判断我的切入点应该是什么：第一步，我对这件事情是否具备相关的知识？第二步，我对这件事情重视吗？第三步，如果我既重视这件事情，又具备了足够的知识，而它还是出了问题，那么可能就是因为我的认知存在一些问题，我对这件事情的认知存在盲点和误区。”在一个恬静的下午，我受邀请为一些创业者和企业家做一个工作坊，分享关于认知的一些方法论。

“老师，那团队管理出现问题怎么办呢？”

我转头望向发声人。一件合体的白色针织衫显出她瘦削的肩膀，时尚的耳环随着她的动作跳跃。时髦大气是我对 Amy 的第一印象。

“Amy 对吗？你对团队管理有什么顾虑吗？”我问。

“是的，我是创业公司的 CEO，但是一直有件事情在困扰着我，就是我觉得我的团队成员们都差了一点意思……”她微微皱着眉，“就好像他们都没有创业需要的那种冲劲。发现问题后我也尝试了很多办法，团建啊，培训啊，都试过，但最后效果都非常一般，没有什么特别大的变化。”

“那我们先用刚刚我讲的方法来梳理一下吧。你对团队管理的知识掌握程度如何？”我问。

“作为一个 CEO，我深知团队管理非常重要，自学过很多管理方面的知识，像这样的工作坊和课程也参加过不少。”

“第二步是关于重视程度的。我认为你对这方面显然也是很重视的，不然不会花这么多时间去学习管理方面的知识。你刚刚还说曾经用团建、培训的方法进行了很多尝试，那么剩下的可能性就是你对这块有一些盲点和误区了。”我边说边开始回想她在这个工作坊的行为表现。

虽然 Amy 给我的整体感觉是非常外向的，肢体语言也非常丰富，但是她表达的内容很多时候却是很内敛的。与她豪迈直爽的外在形成鲜明对比的还有她的细腻，在身边有人表现出焦虑和不安时，Amy 总是第一个发现，也会去帮助身边的同学舒缓心情。想到这里，我突然感觉抓住了什么，问道：“你说员工缺少狼性，那你自己有狼性吗？”

Amy 一时语塞，显然这个问题把她问住了。她犹豫了一会儿说：“其实这件事情，我感觉自己一方面是很有冲劲的，不然也不会选择创业，而且做得还不错。但是另一方面，我觉得我对现状很满足，没有什么能再逼着我向前冲了。”她停了一会儿继续说道，“我自己是喜欢静心修行的，也觉得这对我有很多好处，但是这种修行做多了就很容易满足于当下了。”

“那你觉得这种两面对立的心态带来了什么样的结果呢？”我问，“如果一个 CEO 本身是一个恬静无为的状态，那么他手下的人会很有冲劲吗？”

Amy突然愣住了，然后很开心地笑了起来。“哎呀，原来如此。我本来觉得，我的团队有问题只是因为我没有找到最合适的方法，但是听你这么一说，我发现其实我并不需要很多管理方法。我之前的确学了很多管理方法，但是，如果我自己都无法以身作则，即便实践了这些管理方法，恐怕也不会收到什么好的效果。”她一边快速地在笔记本上记录，一边说，“我回想了一下我们团队的人，其实我招的很多人跟我性格都挺像的，都是比较安逸的，我想在这样一群人里强行找到狼性，这完全是不现实的嘛！”

“对的。”我肯定道。看到她的样子我也很欣慰，继续帮她分析：“所以很多时候你觉得公司有管理问题，这可能只是一个表象。造成团队管理问题的原因是非常多样的。很多时候管理者在招聘的过程中，不管多么努力地不带个人情绪、客观地做决定，都不免会按照自己的喜好和风格招聘。现在你期望的团队风格和你已经践行了的招聘风格产生了矛盾，这才是管理问题背后的原因。”

Amy听了频频点头，觉得自己受到了挺大的启发，特别开心。但是我不得不给她的欣喜泼一点凉水，因为很多人容易有一点收获就停滞不前，错过了深度分析自己的机会。“我很高兴你有了这么大的收获，但是其实我们还可以继续往深处挖。你刚刚说自己一方面很有冲劲、野心勃勃，希望做出一番大事业；另一方面又想安于现状，希望保持平静悠闲。这两个方面的诉求是非常不一样的，甚至是有激烈冲突的。比如，我们刚刚分析的情况，你在招人时遵循的是安于现状的自己，但在执行管理时占据上风的却是野心勃勃的你。你可以去思考一下，为什么你会有这样两个相互冲突的价值观，这样你可能会有更大的收获。”

Amy 陷入思考，这时另一个同学刚好举手询问：“顾老师，我也有些管理上的问题很想得到解答。我是做技术出身的，本来离开学校是想去从事一些高新技术方面的行业，但是现在从事医疗美容行业也还算不错。”

我注意到他说这句话时好像有一些勉强，手也有些紧张地握在一起，但是我没有打断他，而是继续听他说下去。

“我觉得这个行业虽然可能在社会上比较受人诟病，可能的确不够高大上，但是这不应该成为员工不尽心尽力工作的借口。我现在很烦恼的就是，我感觉下面的人都不是很努力，随随便便地应付工作。”

“你说社会上觉得医疗美容这个行业不够高大上，你自己也是这么认为的吗？”我问。

“这个……”他犹豫了一下，“这个也有一定道理，毕竟医美的确比较肤浅，面对的对象多是些只看重外表的人。”

“你看，其实你是从一个非常单一的角度去定义医美这个行业的，你把它定义成一个‘外貌协会’的、爱慕虚荣的行业。但是你完全可以从创造美的角度去定义它，也正是因为医美的发展，很多有生理缺陷和心理障碍的人，或因为意外导致外貌出现缺陷的人，才能自信地去面对生活。如果你不拓宽视角，一直陷在医美就是肤浅的、不入流的行业的视角里，那么你在从事这个行业时，心理上就会非常拧巴，这种拧巴也会反映在公司管理上。”我帮他分析着。虽然他脸上有点淡淡的被说中的心虚，但显然他听进去了这番话。

“人忠实于自己是非常重要的。虽然在公司里，你自以为将这种

‘表面追求、心里鄙视’的态度隐藏得很好，甚至蒙蔽了自己，但是你周围的人仍能感知到。尽管我第一次见你，但我也能感知到这一点。正因为你是这个态度,所以你公司的员工很容易产生负面的情绪,而这可能就是他们不愿意尽力工作的原因。”

“你说得对，我以为我可以装得很好，但是我……我知道了，我内心可能的确存在一些相互冲突的东西，我还需要思考一下。”

这时候 Amy 凑了过来，问道：“顾老师，我刚刚也在思考，我是不是也可能存在类似的问题。我内心也存在相互冲突的东西。你看我其实特别喜欢享受：我喜欢去高档的餐厅吃饭，我喜欢买漂亮的衣服，我喜欢戴时尚的首饰。一方面我觉得舒服的生活很重要，而另一方面我又觉得奋斗和成就很重要。我自己也能意识到这两者其实是存在一些冲突的，但是我现在还不知道怎么把它们协调好。”

“我建议你去做一个练习——价值观排序，这样可以帮你更好地梳理出你真正在意的东西。”

“价值观排序？”Amy 很疑惑。

“对。”我说，“在这个语境里，价值观是指广义价值观。狭义的价值观更加强调人们对于好坏、善恶、美丑、得失等具体价值的立场、看法和选择，但是广义价值观是指我们每个人心里最在意的东西。通俗地说，广义价值观就是我们每个人心里的一杆秤。比如，有的人会特别在意公平，有的人会特别讲究效率。如果一件事触发了你相互冲突的价值观,那你就会特别纠结。比如,我之前有个学员，在他公司里有规定，同公司的人不能谈恋爱。可是有一次他发现与他一起创业的合伙人和刚加入公司的 CTO 谈起了恋爱，这时候他就陷入了两难的境地。他需要决定到底是为了效率和公司的利益而让两个人同时留在公司，牺牲自己的规则，还是遵守规则，‘天子犯法与庶民同罪’，从而损失一个得力干将。”

听到我分享的这个例子，Amy 也皱起了眉头。我笑了笑 ：“这个故事其实是没有标准答案的，每个人都会根据自己内心的那杆秤来做出不同的选择，最终结果就取决于你的广义价值观排序 ：如果你把效率排在公平之前，那你就会选择效率，放弃遵守自己的规则 ；如果把公平排在效率之前，你就会选择公平，开除一名员工。

“这个 CEO 纠结了很久后，最后还是选择了公平，他让那个 CTO 出了局，后续帮助他加入了另一家公司。虽然这样做对公司的效率和利益造成了一定的损伤，但为他赢得了内心的平静。而我们很多时候做决策最在乎的，不就是问心无愧吗？

“进行广义价值观排序练习的价值就在于，在你冷静时，你就可以通过一系列练习，把自己价值观的优先级排列出来。这样，当你心情特别激动、情绪战胜了理智、无法冷静地做判断时，你就可以通过你的价值观排序，做出更理性的决定。很多心理学研究都表明，人的决策都是偏感性的，因为理性充其量只能分析出不同因素的好与坏，但是真正给每个因素添加上权重的，是感性因素。这就是广义价值观排序非常有用的原因。”

“原来是这样！”

“对的。所以，你接下来需要做的，就是做一个广义价值观排序练习。”我对 Amy 说，“这个练习其实挺简单的，你可以回想一下从小到大给你带来最多感触的事情 ：让你最开心的事情、让你最生气的事情、让你最骄傲的事情、让你最伤心的事情……分析一下这些事情背后有哪些因素是类似的，这些因素可能就是你的广义价值观了。”

“好的，那我回去找个时间就做这个练习，如果排不出来还要找老师帮忙啦！”Amy 开朗地笑了起来。

这个工作坊结束之后，我挺久都没有听到 Amy 的消息，就在我几乎要忘了我们的约定时，我收到了 Amy 的邀约，想让我对她的广义价值观排序做一些指点，交流心得。来访时，Amy 依然穿得特别美丽动人，她一边递给我一张纸，一边开心地跟我说：“顾老师，我排好啦！”

那张纸上写着她的价值观排序：自由、爱情和家庭。

我看了不由得觉得挺有意思，因为这一点都不像我之前接触的那些创业者，尤其是公司年收入好几千万的创业者会写的东西。我不禁问她：“在这些价值观里看不到你事业的部分呀，我记得你之前说过想拥有一些成就？”

Amy 愣了一下，像是做了个重大决定的样子：“其实……唉，我给你分享一件我觉得对我影响非常大的事情吧。很多年前，我还在读书时就协助很多不同的美术馆做展览，并因此积累了一些口碑，没毕业就小有名气。毕业时，我还作为毕业生代表致辞。毕业后我参加了很多很高端的活动，大家见了我都会叫我老师，可以说我的起步特别高。”这段描述非常有感染力，Amy 说时眼里都带着光，我仿佛能看到那个二十出头意气风发的她穿梭在活动开幕式、媒体见面会、酒会上的样子。

“一切都特别顺利，我受邀参加非常高端的展览。在第一个完整的作品系列面世后，不到半年我就被各种主流媒体采访，都是非常头条的人物采访，我还作为封面人物登上了一些刊物。现在想想，那时刚好在一个风口期：中国艺术在崛起，中国艺术需要自己的代表，所以我是在对的时间点做了对的事情。与其说自己真的有多好，不如说我赶上了好时候。但是那时候我太沉浸于那种感觉了，好像自己就是活在《了不起的盖茨比》或《欲望都市》里，纸醉金迷的。”说到这里，Amy 顿了顿，接下来的话好像比较难以说出来。

“就在几年前，我作为新锐策展人被一个业界口碑很不错的平台邀请去办一个艺术家个人展系列。我当时还沉浸在自己的光环里，但实际上那时国内已经出来很多非常优秀的新策展人，各个流派风格的都有，都非常非常优秀，竞争可以说是达到了白热化的阶段。当时这个平台的主理人，在艺术行业已经深耕了很多年，很有声望。他希望借助这次的艺术家个人展系列，打造一个为中国艺术发声的平台。他邀请我是希望我可以通过这个艺术家个人展系列宣传一下自己，让公司品牌得到一个提升。其实，当时我完全没有承办这种个人展的经验，但是我没有做任何研究，就自以为是地办了。”

Amy 又顿了一顿，眼角略有泪花。“结果可想而知，非常糟糕。从展厅的设计，到灯光、设施与展览的契合性，都做得非常不尽如人意。真的是外行看热闹，内行看门道。对普通观众来讲，这次的展览还是很成功的，有很多大牌明星来捧场，场面看上去还是挺说得过去的。但是内行的人一看就知道，这是一个没有经验，没有准备，各个环节都很稚嫩、很糟糕的展览，跟其他同系列的艺术家展览相比有非常明显的差距。那是我第一次有非常强烈的挫败感，而且因为对这次展览感到失望，好几个合作方跟我们终止了之前已经谈好的合作。”说到这里她又有些哽咽。

她缓了缓，接着说：“我一度认为自己的事业也许会因为这次的失败而告终，焦虑第一次席卷了我。我连续好几个晚上睡不着觉，第一次开始为自己的未来感到担心，也不知道如何去宣泄这种压力。”她停顿了一下擦去眼泪。

“谢谢你跟我分享这段经历，我想这一定很不容易。”我耐心地听她说完，“这次经历肯定给你造成了很大的负面影响。”

“是的，我感觉自己就是一个彻头彻尾的失败者。你别看现在我们做出版物、做什么都挺好的，市场也挺买我的账的。但我觉得几年前的那个失败对当时的我来说，打击真的是毁灭性的。我不能想象自己怎么可以那么无知，一个完全可以规避的问题现在却成了我职业生涯中一个没办法消除的污点。”

这扑面而来的负面情绪让我感到震惊，我不得不打断她：“我注意到你在描述这段失败经历时用的词语都是比较强烈的，比如‘彻头彻尾的失败者’‘毁灭性’‘污点’等。这些词会给你带来很强烈的心理暗示，如果你日复一日地告诉自己‘我做得特别糟糕’‘我已经失败了’‘我在业界的形象已经毁了’的话，你是很难从这段失败的经历中走出来的。”

“可是这段经历的确是特别特别失败的，我真的很难从这个打击中走出来，也没有能力再在事业上有任何突破了。”她显然不太同意我的说法。

有时，人们会因为一个打击而直接全盘否定自己，甚至可能改变他们的价值观排序。我想，如果没有那次失败，事业或成功也许会在 Amy 排名前三的价值观占据一席之地。

“这里我们要做一个区分，事情失败并不能定义人失败。不能因为你做的一件事情在某个方面反响不好，就将你定性为失败的人。”

很多时候，一个人对自己的负面暗示就是从一件事开始的，然后慢慢衍生到自我的各个方面。

我接着说道："我感觉你对事业还是有一定期许的，只是一直难以摆脱那次失败的阴影，感觉自己无力改变现状，对吗？"

Amy 点点头："是的，我还是期望有所成就，可是我太害怕了。"

"害怕什么呢？"

"……我害怕我没办法再次证明自己。"沉默了一阵子，Amy 最后说道。

"为什么会这么认为呢？你之前都是很成功的，为什么会担心没法证明自己呢？"

"因为，因为我一直是个没人关爱的人。如果我不能证明自己，我就更得不到别人的关注了。"她突然蹦出了这么一句话，美丽的大眼睛渐渐泛红。

原来，Amy 童年时虽然衣食无忧，但是父母长期不在家，只会在物质上满足她。她很渴望能得到疼爱，可惜一直得不到。于是，她把注意力放在了学习和事业上，她的成功让她得到了众人的瞩目，但是她知道，这些都是建立在自己的成就上的。然而，女强人的形象并不会给她带来亲密关系中她期望的那种疼爱，所以在亲密关系里，她通常会在依赖上对方之前选择主动离开。这些在她眼中都是一次次失败的经历。

"我就是个可怜的人。"Amy 悲伤地说。

我也陷入了深思，我可以感觉到 Amy 已经把自己禁锢在一堵高墙后，乍一看好像没有什么能把这堵墙打破。

我突然有了一个灵感："你听说过人生脚本这个概念吗？"

“它是什么？” Amy 不解地看着我。

“人生脚本是心理分析学里的一个概念，指的是人在小时候，容易基于自己对世界的理解而对自己的人生做出过早的定义和规划。比如，一个常见的人生脚本就是：我是一个失败者，我做什么都做不好。听起来，你给自己写的人生脚本是‘我是一个可怜的人’。”

我提到这块是因为有的人生脚本会让人高估自己，比如我见过有人认为自己是“天选之子”而自视甚高。有的人生脚本则会让人低估自己或严重限制自己，这时候这个人生脚本就变成了一种信念体，就像 Amy 陷入的惯性信念一样。

“你还记得我们初次相识，你问我的如何提升团队狼性的问题吗？你相互冲突的价值观背后，其实是这个人生脚本在作怪。”

我顿了一顿，让 Amy 有时间思考。

“啊，我明白了。” Amy 恍然大悟，“我找的团队成员，一直都是那种很好的人，是因为我在潜意识里希望自己周围都是关爱我的人，这样我就不会觉得自己那么可怜！”

“对的。所以，如果你可以改写一下你的人生脚本，你就能摆脱这种潜意识的影响了。”

“但是我怎么改写脚本呢？” Amy 偏着头，还是不太确定。

“我们来试试。你认为你有让你不是那么满意的童年，也有一段惨痛的失败经历。但是从旁观者的角度来看，你觉得他们会怎么描述你呢？”——这里其实是用外在反馈帮助 Amy 重塑自我认知。虽然有时我们需要让大家抛开外在影响，但有时我们也需要外在反馈来校准我们的认知。

“他们会说，我聪明又漂亮，不仅自己开公司，在业界也小有名气。

爸爸妈妈事业有成，而且感情也不错。”她有点害羞地说。

“是的。而你之前把自己描述成一个可怜的人，那么你就很容易在脑海里设立这种剧情走向。你遭遇的每一次失败，都会成为你对‘我好可怜’脚本的验证，进而更让你觉得自己好可怜。但是在我看来，你的人生脚本应该是一个‘创造者’的脚本，你创造了很多美好的作品和展览，也为自己创造了很多机会和机遇。在失败之后，你也可以去创造新的成功。你说对吗？”

Amy看起来被夸得有点害羞：“还真的是。现在想想刚刚跟你描述的这些，我好像魔怔了一样，只看到了自己多么可怜。”

“对的，这是因为你同时在做另一件事情，那就是你在给自己预言未来。你预言自己会失败，所以会在生活中不停地去找自己的确很失败、很可怜的迹象。这叫自证预言。当你在心里对事情的发展有了一个预期，预言自己的可怜时，这个预言不仅会加深你对再次尝试的恐惧，还可能促使你之后真的越来越可怜。”

“天啊，我真的是这么做的！我仔细想了想我们之前做的两个项目，好的那个我基本没什么印象了，坏的那个我一下子就想到了，然后就觉得好难过。包括我的很多段感情，我总是不看好他们，最后也真的ByeBye了。”Amy恍然大悟。

“我们刚刚说到的人生脚本与其说是‘童年经历决定了选择’的产物，不如说是‘回溯式因果’思维的产物——如果有了结果，我们总能找到解释这个结果的原因，并因此觉得这个结果早已注定。想要打破这个命中注定，你就需要重新定义你的经历，重新书写你的人生脚本。”

“我们很多时候会说‘命运早就做出了安排’这样的话，这话本身是没有问题的，也许还能帮助一个人获得内心的平静。但在这些年的咨询过程中，我发现这种‘认命’的想法有时是很致命的。说到底，大家的人生脚本还是需要自己去书写的，一个人得到的生活材料总是复杂多样的，有积极的成就，也有消极的挫折，如何组织材料才是至关重要的。”

“我明白了，”Amy 很坚定地说，“我本质上是一个创造者，我会创造出属于我的一片天地的。”

一周后，我偶然看到朋友圈里 Amy 发的新动态，九宫格的图片里 Amy 灿烂地笑着，似乎在跟同事讨论工作，配文是：重新起航，新的展出还请关注。

负面暗示的最大危害是变成一个借口

在生活中，我们的负面暗示有四种来源，下面我来一一进行介绍。

自我暗示

第一类负面暗示来自自我暗示。有一天，我参加一个很成功的女企业家举办的活动。在活动上，那个女企业家问了我一个问题：“我现在已经很成功了，可以考虑把事业交给别人了，但是我特别想知道，年轻人还会认可我吗？我这么大年纪了，他们会希望我是什么样子的呢？”

我说："先不考虑你的问题，你好像特别在意你的年龄。"

她点了点头说："我总觉得自己年纪大了，好像年轻人不会认可我了。"

她的先生做了个补充："我们是一家有35年历史的传统企业，她一直是企业的代言人。我们之前的客户群都是年纪和我们差不多大的，她作为这个领域的专家，能够吸引很多信任专家的顾客。我们现在打算拓宽客户群体，但我们有点担心，如果她继续做代言人的话，可能对年轻人没有任何吸引力。"

我说："无论外在看法是怎样的，现在是你自己在不断地给自己灌输'我已经很老了'的自我暗示。我们可以对人群做一个切分：哪些人是需要专家的？哪些人是有其他需要的？那些需要专家的人，可能是年轻人，也可能是老年人，这和年龄没有关系。你关于年龄的自我暗示会导致你在考虑与企业品牌相关的决策时，只会想到把客户群体按照年龄划分，而看不到其他划分标准，从而丧失了很多选择。"

她恍然大悟，觉得特别有收获。

在生活和工作中，这类负面暗示经常发生。它多半是一个人因为害怕被伤害、被拒绝、失去面子等情况而采取的自我保护机制。这种自我保护机制背后的原理是期望值管理：当你给自己很多负面的自我暗示时，就会下调自己对某些美好事情发生的期望值，那么当这些事情没有像你预期的那样发生时，你就不会感到失望。如果这些事情真的发生了，你就会有一种极大的欣喜感。

比如，当一个女生暗恋一个男生但不确定这个男生是否喜欢自己时，她很容易给自己灌输"我不够好，他怎么可能看上我"之类的负面想法。这样，即便她去跟那个男生表白被拒了，她也可以回归到这些负面想法上，来安慰自己：你看，我就知道这一切会发生的。但如果刚好这个男生也喜欢她，那么就超出了她的预期，从而获得一种更美好的感觉。

可是这类负面自我暗示很容易影响一个人的自尊。虽然很多习惯性的自我暗示不是一朝一夕可以改变的，但是我们可以不断分解这类思维，比如逐条逐条地反驳、分析其来源和利弊等，从而形成新的思维习惯和思维路径。

对我来说，在自我认知突破中一个最大的挑战就在于如何突破我过去不断灌输给自己的负面想法。平时这些想法不会出现，但是一旦出现不顺利的情况，这些想法就会跳出来，比如——

没有人关心我。

没有人爱我（除了我妈）。

永远不会有人爱我，或者永远不会有人喜欢我。

每件事情都很糟糕。

我什么都做不好。

我的生活没有意义。

前面几条涉及人际关系，后面几条是自我批判。当我写下这些想法，然后从第三方的视角去审视它们时，我发现这些都不是事实，很多都只是假设。但是我的思维经过很多年的反复练习，早已形成了自动模式，在遇到不确定性或出现负面情况时，这些想法会自动跳出来帮助我降低期望值，避免我受更大伤害。但实际上，如今这些负面想法更多的是让我更加受伤，因为它们容易引发我的情绪体，让我丧失动力，从而不去解决问题而任其恶化，甚至在情绪主导下做出更糟糕的决定。所以我运用拆分法做了很多理性上的拆解和反驳，辅助以持续的验证和实践，最后把这些想法重塑成以下的信念。

意识到生活就是不容易的。无论是《少有人走的路》之类的心灵书籍，还是各类解释生活的著作和文章，其实都想说明这一点。而我，似乎一直拒绝接受生活中的困难其实是常态，以为只有自己才会那么不幸。当我后来从各个渠道发现家家都有本难念的经，具备一些痛苦经历的自己并不独特，很多人也有类似的经历，自己并不孤单时，我才开始接纳生活中的这些困难和不幸的发生乃是常态。

意识到自己是可以犯错的，不可能每个决定都能获得完美结果。这一点是我口头上愿意承认但理性和感性上一直没有接受的事实，因此我经常会陷入无尽的后悔和自责，老是不断地想如果重来可以怎样，给自己增添了无数的痛苦。一直到后来很多人告诉我，“每个人都可以犯错，包括你”，被这样的信息反复灌输而形成新的信念体后，我才慢慢接受这点，从抑郁和自责中走了出来。

意识到自由和快乐只有自己能给自己，这一点对于依赖性很强的我是很难做到的。我似乎有种童话般的天真，以为只要有了爱情，王子和公主就永远幸福地生活在一起了。后来我才意识到现实不是这样，并不是没有完美的爱情，只是一切都需要努力去维护。而人的情感其实是很不靠谱的，也是很容易被操纵的，因此依赖情感很容易让情绪大起大落。但事实上，自己的快乐和他人无关，完全是自己能给予自己的。

我现在的体会是：喜悦的阀门是可以降低的。快乐可以很简单地获得，而不需要很多外在的条件。对这一点感兴趣的读者可以参考《极简主义》和《像哲学家一样思考》。

意识到每段经历的不可磨灭性和不重要性。这句话似乎像“生命中无法承受之轻”一样有点矛盾，但它是我读完许多历史和哲学书后的一个总结。不可磨灭性是指坦然接纳这些经历塑造了我，都是我人生中有意义的一部分。每段经历都是过去,都是自己的一部分，都可以被赋予正面的意义（只要我们愿意寻找）。精神上的超越、人性的光辉、意志的挑战，以及对爱的期望和渴望等，都能成为一个人活下去的意义。

而经历的不重要性体现在两个方面。一方面，每段经历都可以被定义为有意义的、重要的，因此也就没有一段经历是有意义的、重要的了。或者说，这些经历的存在本身就可以是我们人生的意义，所以它不需要再额外地被赋予重要性。另一方面，只要我们愿意，我们可以抹去关于任何经历的记忆。在“过去无法改变,但记忆可以”里我提到，人经常会不由自主地篡改记忆，更不用提我们会习惯性地寻找证据来证明自己相信的观点了。因此，过去的经历只有我们想让它重要时才重要，我们想忘记时就能忘记，想修改时就能修改。也许这些听起来很主观，但它展现了人本身巨大的改变能力和自愈能力。我父亲在我上大学时去世了，这事对我打击很大，但当我意识到自己完全可以从记忆中创造出一个继续关心我的父亲时，我就从痛苦的情绪中解脱了出来。

自我对话

第二类负面暗示来自自我对话。当你遇到让你的情绪出现波动的事情时，潜意识里的你会和自己对话。自我对话和自我暗示的区别在于，自我暗示是单人灌输，而自我对话是双人对话，会有一个来回讨论甚至争论的过程。

就好像脑子里有两个人，A 和 B。

A 说：我不可能完成这个。我不行。

B 说：别想太多，没人说你不行。

A 说：可是你看他们看我的眼光。

B 说：可能是你太敏感了。

A 说：肯定不是。

最后，A 和 B 中的一人放弃了争论，然后你就按照争论胜出那一方的想法去做了。

有时自我对话甚至会以外在的表现形式展露出来。我教过一个学员，当她把一件事情做得很好时，她就会以第三人的口吻对自己进行口头表扬：“红红，你这件事做得真是好棒啊！”甚至有时候还会无意识地强行让别人直接给她肯定。可以想象有这样频繁正向自我对话的人，她对自我的笃定水平会比经常负向自我对话的人高出不少。

更多的时候，自我对话是以负面形式进行的，这会给当事人带来不好的影响。我教过一个学员，他在前两天的课程上说话很散乱，没有条理性。第三天，我们突破了他的一个关键盲区，帮他抚平了一段痛苦经历所带来的情绪创伤。第四天，我们惊奇地发现他说话变得清晰多了。原来，之前那件事件导致他大脑里一直有两个小人在进行自我对话，A 想说的东西可能 B 不同意，而 B 想说的东西 A 又会有很多顾虑，在这种状态下，他在表达时就无法做到流畅或是有条理。而在他把这个事件所压抑的情绪抒发出来并做到一定程度的自我接纳后,其中一个小人就消失了。没有了自我对话机制的限制,他就可以畅通无阻地表达他的想法了。

平时你可以做做发现自我对话的练习，你可以写下你常有的自我对话的内容，思考这些自我对话给你带来的感受:热情、感激、爱、烦心、讨厌、无聊、激动、生气、愤怒、孤独、害怕、担心、好奇、失望……

这些感受可以帮助你去深度挖掘自我对话背后隐藏的情绪体、记忆体或信念体，从而了解到它产生的原因，找到解决的方法。

如果要消除自我对话的不良影响，有三种常见方法。

1. 换位思考。

首先，想象当你一位亲密的朋友感觉很糟糕时，你将如何回应他？请写下你会做哪些事，说哪些话。请留意你将会以何种语调与朋友谈话。

然后想象那些你感到糟糕、痛苦的时刻，你会如何回应自己？请写下你会做哪些事，说哪些话。请留意你对自己说话的语气。

你注意到二者之间有区别吗？如果有，问问自己是什么原因让你对待别人和对待自己如此不一样。

2. 刻意练习。

记下你常见的自我对话，找到标志性场景和提示性语言，比如在每次迟到的场景下“我不行”这类关键语句，然后列出可以终止它的新思维活动，每天早上反复提醒自己，同时每天晚上反思自己是否做到了。

3. 第三方视角。

尝试以第三方视角去观察脑子里在对话的两个小人，放下对其中任何一个小人的执念，尝试用爱去接纳彼此。或者告诉自己，这两个小人都不能代表你，你可以超越这些。

过往创伤性事件

有些负面暗示是源于过往的一些创伤性事件。很多人可能听说过创伤后应激障碍（PTSD），并且认为可能那些上过战场或经历过地震这样的天灾人祸的人才会遭遇这种心理创伤。其实，创伤后应激障碍比我们想象的要更为常见。

美国疾病预防与控制中心的研究表明，1/5 的美国人在儿童时期被性骚扰；1/4 的人被父母殴打后身上留有伤痕；1/3 的夫妻或情侣有过身体暴力；1/4 的人在有酗酒问题的亲戚身边长大；1/8 的人曾目睹母亲被打。[1] 而在我帮助过的人中，也有一部分人经历过家庭暴力、性侵犯、持枪抢劫、亲人自杀等给他们的精神造成严重创伤的事件。

更糟糕的是，很多经历过创伤的人会出现记忆丧失，尤其是在儿童性虐待事件的受害者中，有报道声称记忆丧失的发生率高达 19%—38%。有的受害者会出现记忆闪回现象，就好像时间被折叠起来，过去和现在融为一体，现在的很多事物都可能会让其想起过去的那个痛苦经历。[2] 我的有些学员在上课时会因为外在的一些情形，突然回忆起一件让自己受到极大创伤的事件，但之前他们却完全不

1（美）巴塞尔·范德考克．身体从未忘记：心理创伤疗愈中的大脑、心智和身体．李智译．北京：机械工业出版社，2016.

2 同上。

记得，这种现象也是由相同的契机而导致的。

不过创伤事件给人带来的不单是负面的影响，如果你能从创伤性事件中恢复过来，它会让你用一种崭新的方式去对待自己的生活，而它也会成为一些人去改变周围环境甚至整个社会的深层动力。美国著名主持人奥普拉·温弗瑞、南非前总统纳尔逊·曼德拉和著名心理学家维克多·弗兰克尔都经历过非常沉痛的个人创伤，但是你能从他们的著作和他们的成就中发现，他们经历这些创伤并从中再次崛起以后形成的对生命的深刻洞察和热情。我的很多学员也是通过对这些创伤的治愈，从而突破了自我的盲区，发生了持久的转变，甚至有的人认为自己“重生”了。

致力于研究心理和精神创伤三十多年的巴塞尔·范德考克医生把治愈的方法概括为三个途径：

1. 自上而下，通过谈话重新与他人建立联系，进而了解自我，处理与创伤相关的记忆；

2. 服用药物，关闭脑中不适当的警报，或者使用其他方式来改变大脑组织信息的方式；

3. 自下而上，让身体深刻地体会与创伤带来的无助、狂怒或崩溃完全相反的体验。

对每个特定的创伤幸存者来说，哪种方式最好，是经验上的问题。范德考克医生的实际经验表明，大多数人需要综合使用上述方法来治愈创伤。另外，瑜伽和戏剧表演都有助于疗愈这类人的心灵创伤。

处理精神和心理上的创伤是一个长期的过程，需要综合性的疗愈方法。如果你觉得自己有心理创伤：一方面我会鼓励你去寻求专业的心理治疗师的帮助；另一方面也请注意，如果一个治疗师或某种治疗方式不适合你，你可以多尝试一些其他的治疗师或其他的治疗方式。

你也可以阅读一下范德考克医生写的《身体从未忘记：心理创伤疗愈中的大脑、心智和身体》。这本书是我读过的同类书中全面记述心理创伤形成原因和治疗方法的佳作。

自我道德批判

还有一部分负面暗示来源于对自己的道德批判。

道德是一种社会意识形态，是调整人与人、个人与社会之间关系的行为规范的总和，如真诚与虚伪、善与恶等都属于道德范畴。

单独谈一下道德批判的问题，是因为我在剖析自己和帮助别人成长的过程中，发现很多人具备很强的自我道德批判的倾向。比如我自己，虽然做着老师的工作，也有日常生活开支的需要，但是我似乎就会有一种潜在的想法，那就是做老师就不应该赚钱。如果我和别人聊天，谈到课程需要收费，就会觉得很不好意思，好像做老师就应该是清贫的、无私的，不然就不那么道德。

对于道德标准的要求只是一个人许多欲望和要求中的一种，因此它只需要被匹配相应的重要程度。但是很多时候，人们会因为小时候严格的道德教育，从而过分放大道德在生活中的重要性。我并不是说大家不应该有比较高的道德标准，如果你的道德标准只是稍稍给你造成不快，但能够有助于规范你的行为，而且不会在你内心形成极大冲突，是没有任何问题的。但是，当习惯性的道德批判常常给你造成很强烈的负面情绪，而你自己也不是完全认可它的时候，那就需要重新调整对其的认知。我在做老师的角色和赚钱之间的挣扎，就是一种因为道德批判而引起的无谓的情绪负担。

如果你羡慕有钱人，这种羡慕的情绪本身没有什么问题。但是有些人，包括我在内，都会在这种羡慕的情绪之外，心生一种对自己羡慕之情的道德判断，认为羡慕有钱人的这个行为本身就是不够道德、不够高尚的。这是因为在我们的道德价值观里，认为人不应该追求钱。于是原本只是一种小小的羡慕情绪，在这种情况下可能会诱发更多由道德批判带来的情绪，比如自责、惭愧、羞耻等。这就造成自我极度负面的感受，会比单纯的羡慕之情要强烈很多。但我们如果理性地分析一下，会发现这些多余的情绪是没有必要的。

要化解这些多余的情绪，我们可以用透彻的思考来拆分这种心理活动。一种解决方法是意识到羡慕别人有钱是一种很正常的心理，无须对其进行道德批判，那么那些负面情绪就会很容易化解，从而不会长时间沉溺于痛苦自责的情绪中。

类似的道德批判还有很多，比如对一些有极度老好人倾向的人来说，拒绝别人在道德上似乎就是不好的举动，有的人会因为接受帮助的人没有说谢谢而觉得对方不够尊重人。这些其实就是一种道德上过度的批判。

平时你不妨做些练习来控制对自我的道德批判，你可以从以下三点来进行。

1. 列出 5 种你认为是不道德的却会不时去做的行为。思考你为什么会这样做？你真的认为那些行为是不道德的吗？

2. 询问周围的朋友，看他们是否觉得那些行为是不道德的。如果他们的观点和你不同，那么请了解一下他们的理由，然后思考一下其中是否有值得你借鉴的地方。

3. 思考一下：如果别人的意见和你的不一样，你是否会调整自己原先的标准？如果是，你会调整到哪种程度呢？——这是用外在反馈来校准你的道德意识。

手把手教你重建自我价值体系

在生活中，你是否遇到过这么一些人，他们平时说话有气无力，行为动作畏缩，常常说自己不好，但又说不清楚哪里不好，总是说着说着声音越来越小，给人一种很不自信的感觉。

一个人平时的状态是自信平静的、焦虑紧张的，还是自卑的，很大一部分取决于他的自我价值感。如果他自我价值感比较稳定，那么他就不太容易因外在的情形而引发情绪，也就能够更好地保持在一个平稳的状态。

内在的价值感其实就像一个水库，水库有蓄水功能，需要有水不断地注入，也会在需要的时候放水。所谓放水就是指当外在的环境打击到你时，你需要用之前储存的那些坚定的自我价值感来抵御。而平时你就需要有意识地注入更多的水（自我价值感）来作为储备。如果水储存得不够，那么当外在冲击来到时，你平时储存的水可能一会儿就放光了。也就是说，你的自我价值感还没有充沛到可以帮助你抵御很严重的突然打击或一系列的打击。

那么自我价值感到底来源于哪里呢？

我把它的来源分成四个阶段来分析。请注意，这些阶段没有好坏之分，只是根据我的观察，绝大部分人自我价值感的来源处在第一和第二个阶段，而极少数人自我价值感的来源处在第三、第四个阶段。

在第一个阶段，自我价值感来源于外在的认可和肯定。外在的认可有很多种：有的是在过往经历中所取得的成绩，比如上了好学校，去了好单位，工作获得了成就，赚到了钱财，获得了影响力等；有的源于周围人的反馈；还有的则源于接收到的关注和爱。

这些外在的肯定可以帮助一个人建立起关于自我价值感的初步概念。如果这些来源对比过去有所缺乏，可能就会造成他自我价值感降低，进而造成他状态的恶化。

我有个朋友近期就特别焦虑，对自己需要面对的各种挑战感到极大的不安。当我们要分析一个人的状态为什么突然不好时，需要从内在因素和外在因素来进行。对于这个朋友来说，外在因素就是他所处情形的剧烈变化，他正在经历一个从纯粹以工作为最优先级的状态，转变为以家庭为最优先级的状态，而且因为他婚后很快就有了小孩，所以他需要很快地完成从 CEO 到丈夫再到爸爸的角色转变。这些变化都在短短的一年中发生了，而这种外在环境的快速变化就容易诱发一些负面的情绪。

当我们看到这种变化时，需要给自己一定的谅解，这有助于缓解我们焦虑不安、担忧甚至恐惧的情绪。很多时候，你所感受到的负面情绪并不完全是由当下情形引发的，其中有很大一部分情绪是后续出现的。如果你担心自己会一直焦虑下去，焦虑自己无法处理这些情绪，那么就会衍生出更多的焦虑和担心，而你的情绪只会更糟糕。因此，如果我们能把这种衍生的情绪给制止住，就能消除很大一部分的负面情绪了。

要消除这些情绪的一种方法就是立刻去做一些其他的事情，这样你可以通过外在的干扰而停止衍生情绪：不再因为担忧自己会持续焦虑而引发更进一步的焦虑；不再因为担忧自己失眠而更加睡不着；不再因为担忧自己工作完不成而导致情绪过载，从而更加难以完成工作；不再因为批判自己为什么陷入了抑郁，从而导致进一步的抑郁。

当我们能够摒除因为外在因素而导致的衍生情绪之后，需要面对的情绪就不多了，这时候就为理性分析提供了条件，否则当一个人还有很多情绪时，他很难理性地做出分析。

我请这个朋友回顾了一下他最开心、自我价值感最高的人生阶段，并分析他当时这种快乐的状态来自哪里。他回答说他当时有很多爱，能够感受到寄宿家庭给他的爱，以及朋友们给他的爱。而现在，虽然他妻子给了他很多爱，但是他不太联系朋友，然后也没有跟其他家庭成员保持很好的关系，因此他的自我价值感来源就少了很多，从而导致他整体自我价值感降低，这时负面情绪就乘虚而入了。

在这种情况下，他能做什么呢？首先，他可以找回那些当下不存在但过去给他带来很多快乐的关系。比如，更多地和父母及兄弟姐妹互动，更主动地去联系朋友，而不是把重心只放在工作和妻子身上。

他也可以让自我价值感的来源更多元化，比如可以尝试一些不一样的活动，或培养一些兴趣爱好。从这些活动和兴趣爱好中获得成就感，进而增强自我价值感。此外，他还可以尝试拓展不同阶段的价值感来源。

在第二个阶段，自我价值感主要来自自身的条件、聪明才智和内化了的能力。拥有这种价值感来源的人，他的内在状态会比处在第一阶段的人更稳固一点，因为这类价值感不太容易受到外在反馈的影响。而过于依赖外在反馈容易导致一个人忽而自信、忽而自卑。我观察发现，有些人即便遭遇了生活中的逆境，依然会对自己充满自信。这是因为他们知道凭借自己的聪明才智和能力，完全可以走出这个逆境，再度达到他的目标，获得他定义的成功。因此，如果一个人的自我价值感包括了第二阶段的来源，他就不太容易因为外在情形的变化而在心境上出现变化。

补充一下，这一部分也包括了因为身体条件和外貌条件所带来的价值感，比如一个人很漂亮或视力很好，也能成为一种价值感的来源。

要做到这一点，我们需要对所有过往的经历进行分析和梳理，从中提炼出自己的特质、特长和能力。大家可以翻阅前面“如何找到自己终身的职业方向？（应用 1）”和“如何做到隔行不隔山？（应用 2）”的内容,里面有一些如何提炼自己的特质、特长和能力的方法。

在第三个阶段，自我价值感的来源较难获得，这个自我价值感的来源能让一个人在抛弃掉外在肯定、自身条件、内在能力和聪明才智后,依然有稳定的自我价值感。那么,这种自我价值感来自哪里？它来自对自己品性所具备价值的坚信不疑。

我做过一个实验。我问自己除了聪明才智、名校光环、成功经验甚至外貌身高外，我还有什么。一开始，我根本想不出答案。直到后来我突然意识到，我还有善良。于是，我建立了以下的三段论：

一是我坚信（这里的坚信真的是 100% 相信，没有任何怀疑）善良的人值得活在这个世界上；

二是我知道我自己是个善良的人；

三是我值得活在这个世界上。

这个三段论看起来非常简单，但是对于当时身处抑郁之中、不知为何活着的我，是非常有用的一个助力。如果你能够对自己品性的价值有所笃定，那么你的蓄水池里就总会留存着一部分水。

在第四个阶段，自我价值感的来源是“我存在所以我值得”。换句话说，你相信自己存在就够了，你就是世界上最伟大的奇迹，无须任何证明。要达到对这种状态的理解，需要一定的机遇和契机。对我来说，有两次契机让我感知到了这个状态。

第一次是我在前面描述的思维实验中。在做那个思维实验时，我试着把自己对品性的依赖，对于聪明才智、能力、外在肯定、过往经历的自豪全部抛掉以后，看看自己还有什么。因为我特别在意独特性和意义感，我甚至告诉自己：我并不独特，我做的事情也没有意义，那我还剩下什么？一开始，我感到无尽的黑暗、恐慌、悲伤和无助，后来慢慢地生出一丝希望，虽然我不知道这希望是什么，但我隐隐觉得好像还有些东西是有价值的。第二天我出了门，看到外面的世界车水马龙，无比繁忙，我突然觉察到了澎湃的生命力。我感悟到我是体内无数个细胞的结合，城市是无数个人的结合，城市汇聚成了国家，国家汇聚成了地球，星星汇聚成了宇宙，而生命力从最微小的原子衍生到最无涯的宇宙，我突然感觉到了生命的奇妙。在那一刻，我对自己存在的价值坚信不疑，无须任何证明。

第二次则是我在一次学习中直面了最底层的生存恐惧，从而突然获得一种解脱，觉得自己什么也不用做就很美妙。整整一天，我坐在教室里，既不记笔记，也不理睬老师讲课的内容，脸上挂着一抹永恒的微笑。那是因为我内心有无穷无尽的喜悦感，它让我根本不在意周围发生的一切，却又对周围发生的一切了如指掌。

但很可惜，那种状态不太能持久，我的信念还是会被外在的刺激打破，回到第二、第三阶段，甚至是第一阶段。这种现象也很常见，我们只需要慢慢地坚定自我的价值，让自己蓄水池注水的来源越来越多元化，我们就能建立起持久的自信。

请你做一下这个练习，列出你自我价值感的所有来源。当你困惑、迷茫、对自己产生怀疑时，请你回顾这个练习的答案，也许你就会对自我存在的意义越来越笃定。

1. 外在的证明和肯定。（每个按 0—5 评分，0 为不能从该方面获取价值感，5 为可以从该方面获取非常充沛的价值感。可以制作成表格，这样会更直观。）

学历；

职场成就；

非职场的成就，比如志愿者活动、大学社团等；

荣誉和奖项；

通过兴趣爱好获得的外在正向反馈，比如，如果你去过很多国家，他人可能会很佩服你；

同事的正向反馈；

老板的正向反馈；

父母、兄弟等非两性关系的正向反馈，包括感受到的关注、关心和爱意；

亲密关系中的正向反馈，如积极的互动，感受到的关注和爱意等；

朋友的正向反馈；

其他。

2. 智力等内在能力和物理特质。（选项参考了美国心理学家加德纳在《智能的结构》中提出的九种智力类型。每个按0—5评分，0为不能从该方面获取价值感，5为可以从该方面获取非常充沛的价值。可以制作成表格，这样会更直观。）

智力（聪明才智），包括以下几个方面——

语言智力：指的是对语言的掌握程度，以及灵活运用语言进行沟通或表达的能力。

逻辑智力：指的是对于逻辑结构关系的理解、推理和相关表达的能力。

空间智力：指的是对于色彩、形状、空间、位置等要素准确感受和表达的能力。这方面能力强的人通常会很善于识别地图，也不太容易迷路。

音乐智力：指的是感受、辨别、记忆、表达音乐的能力。

运动智力：指的是身体的协调平衡能力，以及用身体表达思想情感的能力和动手能力。这方面能力强的人通常在那些需要运用到身体或者四肢的活动中表现比较好，比如运动、舞蹈等，他们也有可能会倾向于通过实践来学习。

人际智力：指的是对他人的表情、话语、手势、动作的敏感程度，以及对此做出有效反应的能力。

反省智力：指的是认识、洞察和内省自身的能力。这也是我在这本书中希望帮助大家培养的能力。

观察智力：指的是辨别周边物体和自然世界的特征的能力。比如很容易地看出不同鸟的个体差异，或几个相似酒杯的差异。

存在智力：指的是陈述、思考有关生与死、身体与心理、世界的存在、宇宙最终命运等倾向性的能力。这方面能力强的人倾向于从哲学层面来观察周边，对生命的一些终极问题会十分敏感。

最基础的可迁移能力：沟通能力、想象力、共情能力、观察能力、执行力、推理能力、分析能力、表达能力，会有一部分和上面重合，因为能力其实是内在智力的外化。

物理特质，如外貌、身高等。

身体其他特质，比如良好的视力、肢体协调能力等。

3. 内在品质。你的品质可以是你的核心价值观（可参考“通过情绪来分析出你的价值观”中的内容来梳理出你的价值观），也可以是你平时行为所反映出来的品质。如果你不清楚，可以问一下身边的人，让他们用几个词语来描述你的品质。

列出来以后可以按 0—5 评分，看一下你是否认可自己这些品质的价值。

4. 我存在所以我值得。你有过这样的体会吗？是在什么情况下发生的？你觉得可以怎样重现这种情况？这个来源无须评分，因为有就是有，没有就是没有。

小结

1. 人的思想其实是各种外界思潮、媒体及他人观点的集合体。很多内在的思想会有冲突，因为大脑并不会刻意地一一辨析这些信息和想法的来源。慢慢地，人就会形成很多原来并不属于自己的信念，这些就是信念体的来源。

2. 通过分析自己的刻板观点、各种思想的来源，甚至反思自己的价值观，从无意识地接纳一种想法到有意识地选择这种想法，这就是击穿信念体的核心方法。

3. 最常见的信念体的来源有：社会认同、人设限制和负面暗示。

4. 社会认同指的是我们用以定义自己是谁的群组成员身份或社会类别。群体认同会影响我们对自我的信念。有时，群体认同会导致我们对自我产生一些偏见，从而形成信念体，具体体现形式有：

（1）如果我们不清楚群体认同里包含的概念，就容易认同到并不存在于这个群体特征里的概念。

（2）人们容易因为社会认同而产生相关的期待。通俗地说，你觉得这个人应该是什么样子，这个人就会是什么样子，或者你觉得自己应该是什么样子的，你就可能表现成什么样子。

（3）群体的认同不光会影响个人的行为，也会影响个人在整个小组里强势或弱势的表现。

5. 我们把社会认同分成三个类别：给予的、自我选择的和核心的。

6. 易形成不好的信念体的常见人设有：彪悍者、受害者、真实者、控制者、依赖者、讨好者、完美者。

7. 人生脚本是心理分析学里的一个概念，指的是人在小时候，容易基于自己对世界的理解而对自己的人生做出过早的定义和规划。它的工作原理是如果一件事有了结果，我们总能用过往的人生定义和规划来解释这个结果，并因此觉得这个结果是早已注定的。想要打破这个命中注定，就需要重新定义你的经历，重新书写你的人生脚本。

8. 常见的负面暗示来自自我暗示、自我对话、过往创伤性事件和自我道德批判。

9. 人的自信程度和自我价值感息息相关，而自我价值感有以下几个阶段的来源：外在的证明和肯定，智力、内在能力和物理特质，内在品质，我存在所以我值得。

总结

升级心智，终身成长

认知边界突破后的维护

综观整本书的思路：我先从我个人的认知突破的故事讲起，然后引出认知破圈的基本原理和突破认知限制的三个步骤，并在后面的三个法则里不断重复这三个步骤的应用，辅助以一些真实案例和应用。相信大家现在对于认知破圈的方法论、原理和法则都有了清晰的认识。

认知破圈包括两部分：

一是极度诚实，不被非我掌控——你在这里学会的是通过深刻的体验、透彻的思考和持续的实践来打破情绪体、记忆体和信念体对你的掌控，摆脱之前自我认知的局限。

二是升级心智，勇于活出自我——当你摆脱之前的局限性后，可能还是会对自己到底要什么感到迷茫，或发现之前想要的已经因为认知盲区和限制的突破而变得无所谓了。这时候，你就需要通过认知整合来找到你真正想活出的自我，让这个自我成为你的定海神针，从而稳定你突破的境界，成功地完成认知破圈。

而接下来，你就要面对一个问题：当你破除一些认知的限制之后，还能做什么？

答案是：自我认知整合。

自我认知整合听起来是一个非常庞大的话题，但通俗地说，其实指的是定义你想如何活着。

很多人会好奇为什么自己一直找不到人生的方向和大目标，或者不太知道自己想要的是什么，活着是为了什么。其实要找到这个问题的答案需要一个循序渐进的过程。我们在出生时，还处于无意识无能力的状态，后来我们慢慢地获得了各种能力、成就、认可，但也在这个过程中形成了各种情绪体、记忆体和信念体。在这些惯性模式、其他心结和盲区的操控下，我们的内心好像被蜘蛛网包裹着一样，看不到最底层的诉求。这就是为什么我们需要完成认知破圈的第一部分——不被非我掌握，我们才能剥去外面的蜘蛛网，让内在的自我显现出来。这时我们才能确认这些人生目标是我们有意识想要的，而不是无意识被外部影响或是在惯性模式指示下去做的。

我是几年前才开始思考这个议题的，之前也是懵懵懂懂地被外界影响和惯性模式绑架着。当我经历了一段深刻的抑郁体验之后，这个议题变得越发重要。我阅读了很多书，一点点写下一些会让我自己有感觉的话。在飞往布拉格的飞机上，空姐给我送上一本《时代》杂志，里面有十页讲的是在各个领域打破天花板的女性先锋。我看着她们各自的经历，望着窗外山峰上的皑皑白雪，此刻它们和满天的白云都在我的脚下，突然灵感来了，我写下了四个如何定义活着的步骤。在后面几年的不断实践中，我把它扩充成如下几点。

1. 找到主要的盲点和误区：摆脱惯性模式对自我的操控，排除原生家庭负面的影响、心理创伤和自我限定的暗示。

2. 定义自己：定义关于自己的所有信念。

3. 定义生活：定义在人生中自我真实的需求，并设定相关的目标。

4. 建立属于你的时间观：时间观可以改变你对事物的态度。

5. 建立属于你的金钱观：了解你与世界交互的物质货币。

6. 重塑你的核心价值观：理解你决策背后的深层判断标准。

7. 创造崭新的行为模式：用积极的情绪帮助你去创造新的行为模式。

自我认知整合第一步：找到主要的盲点和误区

关于第一点，我们在三个认知破圈法则里已经做过很多阐述。如果想深度了解如何化解原生家庭问题和心理创伤，可以参考《原生家庭：如何修补自己的性格缺陷》《与自我和解：超越强迫、成瘾和自毁行为的治愈之旅》和范德考克的《身体从未忘记：心理创伤疗愈中的大脑、心智和身体》这几本书。当然，我也会推荐你去看一下阿德勒的书籍，以避免对原生家庭影响的执拗。

当你了解到自己的主要盲点和误区，并且不再受到情绪体、记忆体和信念体对你的掌控时，你就可以来做后面几步了。

首先请做一下我在认知课程里经常用到的这个练习，虽然从表面上看很简单，但它却能由浅到深地把自我深层的一些逻辑挖掘出来。

请你花一点时间把下面这 17 个问题的答案写出来。请相信你的第一直觉，如果其中有些问题你很难一下子回答出来，那说明在这方面你还需要更多的探索。

第二天再仔细回顾一下你的答案，对于每个答案都问一下自己：真的是这样子的吗？看看哪些答案会保持不变，哪些会因为深度思考的不同而发生变化。我在每个问题后面备注了相关知识点，你可以看看哪些知识点是你目前没有考虑到的，哪些你已经有了既成的答案。如果还有想得不够透彻的地方，你可以回顾一下相关的内容。

1. 最让你感到骄傲的一件事是什么？（自我特质、能力、价值观）

____

2. 最让你感到开心的一件事是什么？（自我特质、能力、价值观）

____

3. 最让你感到痛苦的一件事是什么？（情绪体、记忆体、价值观）

____

4. 你最喜欢什么样的人？（社会认同）

____

5. 你最讨厌什么样的人？（情绪扳机、记忆体）

____

6. 你最大的优点是什么？（个人特质、思维盲区）

____

7. 你最大的缺点是什么？（个人特质、思维盲区）

____

8. 你最担心发生的事情是什么？（情绪体、人生脚本、负面暗示）

____

9. 你最容易表达的一种情绪是什么？（情绪体）

____

10. 你最难表达的一种情绪是什么？（情绪体）

____

11. 你希望你的墓志铭上写什么？（自我整合）

____

12. 如果你有一个亿，你会做什么？（金钱观、价值观）

____

13. 如果你身无分文，你会怎么办？（金钱观、价值观）

____

14. 很多年后，你觉得这个世界会因为你的存在而有什么不同？（自我整合）________________________________

15. 你的家人或朋友曾因为你的所作所为而发生了什么样的改变？（自我整合）________________________________

16. 哪个人对你影响最深？为什么？（价值观、社会认同）

____

17. 这辈子对你来说最重要的是什么？（自我整合）

____

你可以做被人羡慕的“少数人”

自我认知整合第二步：定义自己

要学会定义自己，第一步是放下过去。

有一次我和一个认识很久的朋友吃饭，他说：“你曾经有好几年看上去都不快乐。”

他的话勾起了我的回忆。几年前，在经历了一连串打击后，我给自己布置了一个复盘的作业，主题是“定义自己”。我写了很久很久。

第一次是按照人生主线写的，分解出 9 件对我来说特别重要的事情：读书、学习、工作、教书、咨询、旅游、博物馆、理解爱、接受自己。

但是写着写着就觉得我是在敷衍自己，明明对自己来说最痛苦的是过去近一年的日子，我却想逃避梳理这些痛苦，想用这些表象来回避真正的问题。于是我又重新整理，把自己的经验提炼为以下几点：

学会接受孤独；

学会接受帮助；

学会不盲目相信别人；

学会认同自我价值；

把事和感情分开；

学会从他人的角度看问题；

学会活在当下；

学会自我关爱。

当我重新写完前面两点后，还是觉得没用，我只是回顾了遥远的过去，抽象地面对了最痛苦时学到的一些经验，依然没有狠狠地剖析自己的痛苦和失败。

一个朋友告诉我："你去读一下阿德勒的书吧。"他说完的第二天，我凑巧看到了一篇关于其理论的述说。我突然明白自己为何走不出来了。对过去的回忆引发了更多情绪，我慢慢习惯于那种绝望、后悔、悲伤的情绪，如同进入了一个舒适区，不想走出来。它成为一种不做任何事的借口，让我可以获得他人的关心和同情而自己不需努力。

所谓以史为鉴，需要有个当下的事件去参照学习，而在没有当下的情况下一味复盘过去，就陷入了一个死循环。于是，我不再去分析过去的失败，也不再去分析为何自己当时那么自卑、那么孤独、那么抑郁，毕竟我已经分析了这么多次。

情绪是一种工具，过去的故事也是一种工具，都是用来解释我想要解释的，至于这些解释是否符合真正的现实，完全是由我自己的思维局限和想象空间而定的。

之前的抑郁，也是因为沉溺于对过去的纠缠和情绪之中，拒绝自己失败的可能性，拒绝接受现实。再深挖一下，我在和自己过不去的纠结中有自傲的成分，有太在意别人想法和看法的成分，也有对自己能力的不信任和对不确定性的害怕。

阿德勒说："你并不是为了满足他人的期待而活着，别人也不是为了满足你的期待而活着。"不必畏惧他人的视线，不必在意他人的评价，也不需要寻求他人的认可，尽管去选择自己认为最好的路。

于是我做了个决定，我告诉自己，过去的一切失败已经被浓缩在我腿上那条蜈蚣状的伤疤上。它只是一个印记，会伴随着我，但是对我的未来没有任何影响。它会提醒我去珍惜我还拥有的东西：还能自如行走、环游世界的双腿，可以欣赏艺术和书籍的完美视力，能够独立养活自己的聪明才智，不能完全理解我但爱我的母亲，几个在我最无助时不离不弃的好朋友，旅途中遇到的陌生而好心的人们，未来我能帮助到的人。

未来是不可知又令人惊喜的，放下过去，我们才能看到未来。

当你可以放下过去的负担时，你就可以真实地定义自己了。定义自己包括定义自我意义感和价值感的来源，可以参考“手把手教你重建自我价值体系”的内容。以下是对我定义自己的过程的描述。

我做过一个练习，思考我除了过去取得的成就，各种名校名企光环，甚至自己的聪明才智、外貌、健康等各种特质，还剩下什么。这个问题我一开始居然回答不上来。

我是一个不把成就和光环当回事的人，这让我一直很谦虚，但同时也让我失去了一些可以让自己引以为傲的凭据，从而不是那么自信。

去除成就和光环后就到了第二层保护区，也就是我自己的聪明才智，这是我一直依赖的支柱，让我觉得自己是个有用的人。如果去除了这个，我还有什么能让我的人生有意义呢？

我回想起一些事情——

小时候我为受欺负的女生出头，结果被小恶霸打，但还是会继续打抱不平。

看见路边的老奶奶摆摊卖东西心里就很受触动，觉得她特别不容易。

看到电影里正直的人为了自己的信念而牺牲就忍不住哭。

很多时候全心全意信任别人并愿意自己吃亏去帮助别人。

在被问到是否需要更多奖学金时坦诚地说够了，可以把钱让给更需要的人，虽然自己也很缺钱。

为了父亲的病打了无数电话请求别人卖药给我。

我最后写下了这么一段话：我是一个正直、坦诚、善良、坚持的人。因为这些，我就值得好好活着。

写完后我有一种非常释怀的感觉，好像在黑暗中不断下落，最后落到了一块柔软的草地上——我是安全的。

原来那些我原本很依赖的东西，比如聪明才智、别人的关心，都不是那么重要。

我一直拥有的是作为人的一些光辉品质，也因为这些，我有能力给世界带来一些善意和美好，而这些就是最基本的作为人的意义。

著名心理学家弗兰克尔在《活出生命的意义》里提到一个观点：人的拯救是通过爱和被爱实现的。当我有能力去爱别人时，我也就有能力拯救自己了，而爱别人不需要做很多，愿意为别人无条件付出就可以了。

但是我不希望只把自己定义为这些，我还有一些好的习惯和希望拥有的品质，比如对写作等创造性活动的喜爱，比如乐观，我也想把这些包括进去。

于是，我定义自己的价值为：创造和对他人深度的帮助。

我对这句话很满意。

当然，每个人对人生会有不一样的定义，比如精神上的不断超越、品德上的不断提升、给社会不断带来价值、做到最好的自己等，但是我觉得自我价值的定义是件很私人的事情。哥白尼在中世纪被认为是异端，而后来则被认为是捍卫科学的先锋。众口难调，历史又通常是迷雾重重的，对一个人的评价永远不会绝对客观。因此，与其去介意外人的评价，不如在有生之年享受自己所做的事情。

创造一些东西，无论是写文章、写书，还是教课，都是我能控制并且能从中感受到满足的。而对团队和业务等问题的解决和优化、咨询和帮他人分析人生中重要选择的利弊等对他人的帮助，也能因为立刻得到反馈而让我感觉良好。这些就是我意义感和价值感的来源。

自我认知整合第三步：定义生活

当你定义了自己的意义和价值后，就可以选择出与其相关的活动和事物了。在这个基础上，你可以定义你的生活，或者说明确你在生活中想要做的事。你可以把生活分成几个方面，职业、家庭、人际关系、兴趣爱好、身心健康等，分别进行定义。

在这里，你可以借助自己的广义价值观来排列不同事物的优先级。如果和职业相关的价值观排名比较靠前，比如成就、成功、财富等，那么在定义生活时就可以多添加点这方面的目标；如果和家庭或人际关系相关的价值观排名比较靠前，比如和谐、亲情、爱情等，那么在定义生活时就可以多放些有助于维护这些关系的活动和事物。

对我来说，我特别在意的是自由，所以在明确了创造和帮助他人会给我带来意义感和价值感后，我会寻找既有更大自由度又符合我意义感和价值感的活动和事物。因此，我基本放弃了创业或是给大公司工作这类责任很大的选择，而是更倾向于自由职业者、外部咨询师这种在时间安排上很灵活的工作，以及写文章、讲课、录视频这种自由度比较高的活动。

在明确生活中想要做的事情时有一个原则，叫少即是多。我是过去几年才慢慢意识到少即是多的重要性的。

我对自己最满意的一段经历是在大学里：成绩是系里第一；在课外活动中担任过主席和副主席，负责近 10 万美金学生活动经费的分配；每周打工 20 个小时，参加过 6 个国际、国内的高端学生会议；谈了恋爱，也加入了兄弟会；拿到了四家投行的录取信，而且都是在提前一年半毕业的情况下拿到的。在充分活出自己潜力的同时，我还承担着父亲癌症晚期的压力。

但父亲的突然去世让我失去了信心和对人生的期待，记得我后来着急申请商学院的一个理由是，我觉得大学这段经历和成就是我这辈子都不可能复制的，也就形成了似乎只有这些老本可吃的信念体，从而变得很怕输，什么都想要。

我越是没有自信和安全感，就越会对很多事物抓着不放。我后续遇到的人生重大打击和这一心态不无关系。每个都想要，但不会去思考这些对我是否真的都那么重要，因此没有完全投入，反而顾此失彼。

而在上大学时，我是非常聚焦的，一切都是为了父亲，所以做的事情不用很多，但每件事情我都非常投入，做到让自己满意。这种状态是后来我在受外界影响和信念体操控时很难达到的。

少是为了更好地专注和精进，从而获得更高的效率。那么，所谓的“少”到底是多少呢？我列出了以下几点：

工作上做对他人有帮助的事，比如咨询和教书；

保持对他人的善意，但只在我关心的人身上花大量时间和精力，尤其是父母和那几个长辈和好朋友；

去至少 95 个国家，继续参观有意思的博物馆和艺术展览，体验有创意的表演和活动；

每年读 100 本书，保持写作的习惯，出一本书（就是你目前看的这本了）；

控制饮食和睡眠，定期锻炼；

身外之物只留自己真正喜欢的，保持一个优雅大方的自我形象；

保持一颗对外界事物的好奇心、对简单和美好事物的欣赏力，以及对生活的感恩之心。

我这辈子要做的事情并不多，所以我可以自己掌控生活的节奏。身后的虚名太遥远了，我过好这辈子就行了。

当你定义完生活的方式以后，你还需要做一件事，分析利弊。

任何选择都有利弊，包括你选择活出的自己。以下就是我对自己选择的利弊分析：

过去 8 年去了五大洲的 65 个国家游玩，过去 3 年每年阅读超过 100 本书，还做着自己认为很有意思的事情——教人如何提高自我认知。

我在想通自己真正想要什么之后的经历，让我在一部分人眼里成了“少数人”。

我喜欢闲云野鹤的状态，因此，有着时间和空间上的自由，能读书和旅游，做着很有成就感的事情还能赚着生活费，是一种在我自己听起来似乎都非常不可思议的生活方式。

但这一切都是有代价的。首先，我会不被理解、不被接受。我的很多决定甚至我母亲都不理解——

自己争取到去新加坡念高中的奖学金，从而小小年纪就一人在外生活。

在贝莱德最有技术含量的一个组里做到管理者时去念书。

放弃硅谷舒服的生活和绿卡申请，拿原先工资的 20% 回国创业。

以投行背景从零开始，转去硅谷最“硬核”的游戏公司做产品经理。

很多事无法找人倾诉，需要自己默默扛下。

其次，风险很高。很多时候一个决定就会夺走我的一切。

在古巴船潜，结果下潜到 10 米处时眼镜带松了，海水一下子涌了进来，我睁不开眼，但又不敢立刻往上浮，因为怕撞到船的螺旋桨，在打手势后感到有同伴拉住了我，在他的引导下我才安全上船。

在格陵兰岛沿着冰川的岸坡走了 5 个小时之后折返，因为一念之差没走一条捷径，躲过了因几百米冰川突然崩裂而造成的数十米高的海啸。

这样的经历我有过多次，我在为自己感到庆幸的同时，也更感恩当下。

最后，需要有取舍，要放弃很多别人眼里有价值的东西。

我把钱都花在了旅游、书籍和有趣的经历上，没有买过贵的皮包，也没有贵重的衣服。有一次因为航班被取消后我被换到了公务舱，因为衣着很休闲，美国航空的空姐还查了我的票。

从 15 岁起，我几乎每年都会搬一次家，居无定所也不过如此吧。

现在在北京也买不起房。所谓自由，很多时候只有在没有牵挂和羁绊时才能达到。

没有固定工作，没有固定的住所，安顿好父母，才能自由地出去探索。

但是如果重来，我还是会选择这条少有人走的道路。

这条路的第一个美妙之处是它带来的惊喜。

在南非潜水看笼子里的大白鲨时，它 2 米的大口在距离我 0.5 米处张开，锋利的牙齿咬得铁笼咔咔作响。

在墨西哥金字塔旅游时突然下起倾盆大雨，我无处躲藏，拦下了一辆车，里面的老夫妇只会讲西班牙语，却热情地绕了一个多小时的路程，把我送回了酒店。

在外国小镇里，给我指路的当地人热情地带着我玩了大半天。

在埃及遇到特别投缘的驴友，干脆两人一起改变行程共行。

这条路的第二个美妙之处是它带来的成就感。

我换过 6 个行业，并在短短一两年里就在这些行业里做出了不错的成就，这样快速的成长是其他道路无法比拟的。

看清利弊以后，你才能做一个 informed decision（明智的决定）。

这里有一个小练习可以帮助你定义生活的必需品：请你列出你生活中的必备活动和事物。如果是事物，请尽可能量化你的目标和需求，比如，我需要赚 100 万元，我需要买一套房子。请不要列出超过 10 条。如果超过了，请你仔细分析一下，你是否真的需要这么多。

“量身定制”三观，就能重塑自我

在以下内容里，我们会更深入地探讨自我认知整合里的一些核心问题——你的三观：时间观、金钱观和广义价值观。

这个“三观”并没有包括很多人会聊到的事业观、人生观和世界观，因为事业观和人生观的形成在很大程度上取决于一个人的时间观、金钱观和价值观，而世界观则取决于一个人过往的经历。如果我们能把塑造事业观、人生观和世界观的重要元素搞清楚，那我们在梳理它们或重塑它们时就会容易很多。

自我认知整合第四步：建立属于你的时间观

我们要聊的第一个话题就是时间观。其实没有所谓正确的时间观，只要它能帮助你合理分配你最稀缺的资源——时间，并帮助你达到你人生的重要目标，那么它就是适合你的时间观。如果没有形成或者刻意思考自己的时间观，那你很有可能会付出很高昂的时间成本。

美国的心理学家菲利普·津巴多在他的著作《时间的悖论》里提出了七种时间观：两种关于过去，三种关于当下，两种关于未来。这些时间观被命名为——

关注过去的消极时间观。

关注过去的积极时间观。

关注当下的宿命主义时间观。

关注当下的享乐主义时间观。

关注当下的整体主义时间观。

关注未来的时间观。

超未来的时间观。

具有关注过去的消极时间观的人，每次回忆起过去就会有一种很负面的想法，却又经常沉浸于对过去的痛苦回忆中，无法真正地面对当下。如果你发现自己经常会沉迷于过去的痛苦回忆里，你可以尝试做一下前面打破过去回忆的一些练习，包括重构过去、图像法、与你的内在小孩和解等。

具有关注过去的积极时间观的人，会觉得过去是非常积极、美好、温暖、充满爱的，但是也因为如此，会觉得当下不是那么令他们满意，而不太愿意去享受现状，反而希望能够保留或者重新恢复过去好的事物和做法。如果你有这样的倾向，可能会妨碍你享受当下、创造更美好的未来。你可以试试前面“扭转你的记忆体（破圈法则二）”里提到的方法，让自己不要过度沉迷于过去的美好回忆中。

有关注当下的宿命主义时间观的人会认为，一切都已经被命运控制，自己没法改变任何事情。很多人是从以宿命论为中心的宗教信仰中学到了这种时间观。

具有关注当下的享乐主义时间观的人，会倾向于享受当下能带来快乐的东西，而回避会引起痛苦的东西。这种人通常会很享受生活，但是可能会在某些方面缺乏一种目的性、使命感和责任感。如果你有这种倾向，可以重点阅读一下与情绪体相关的内容，调整回避或逃避痛苦的东西的心态。

关注当下的整体主义时间观，更像是宗教和冥想的核心概念，指的是要全身心地关注当下发生的事情，而不去思考对过去的悔恨，或对于未来的担忧或渴望。

具有关注未来的时间观的人，经常会去积极主动地制定目标、做计划、为未来做打算。通常这种人也会更有行动力，在获得世俗成就这条路上走得更加专注，也更加成功。如果你是这类人，那么本章中关于整合自我的内容可以帮助你更好地确立长期的人生目标。

具有超未来的时间观的人，可能是因为对于宗教或神秘学的信仰而相信人的灵魂是永远不灭的，因此他会基于灵魂能跨越好几辈子的理念来思考应该如何对待自己的当下人生。

在真实生活中，每个人在不同情况下可能会采取不一样的时间观。以上这个分类只能大致概括一些最常见的行为倾向，比如愿意享乐还是沉迷于过去。但是因为类别过多，所以很难让人找到一个着力点去改变，因此我采用了另外一种分类方法，把时间观分为三种。

第一种：节约性。在某些事情上能节约时间就节约时间，能提高效率就提高效率，能少花时间就少花时间。

第二种：乐意性。在某些事物上，我愿意花多久就花多久，我愿意浪费多少时间就浪费多少时间。

第三种：中立性。不设限不评价，不抗拒时间的流逝。

每个人会归到这三种时间观里的活动和事物都不一样，比如，对于一个爱好学习的工作狂，他对自己的一些活动分类如下——

节约性：家务，吃饭，娱乐时间，兴趣爱好。

乐意性：学习，工作。

中立性：和他人交流沟通，家庭，健康。

而对于一个喜爱动漫的初中生，他对自己的一些活动分类是——

节约性：上课，写作业，课外辅导。

乐意性：动漫，游戏，和他人交流动漫，看动漫相关知识。

中立性：其他类型的交流，吃饭，锻炼，其他活动。

请你列出平时会做的事情和行为，至少列出 20 种，然后按以上类别进行归类。

归类以后，你就能看到你生活的重心在哪里，你是否认同这种时间观。

我个人在做完这个练习以后，对自己的时间观产生了新的认知，甚至发现了自己的一个盲区。

下面还有两个练习，帮助你分析自己是否把时间都安排在做自己真正想做的事情上。

练习一：请在下面四个象限的每个象限里，填满你平时符合这个要求的活动、事物或行为。这里所指的活动或行为并不局限于你的兴趣爱好，而是指任何你会做的任务和事情。有的人会具体到工种，比如销售、运营、商务；有的人可能会把它分为任务，比如会议、记录汇报；有的人可能会填写做饭、吃饭、睡觉、散步；有的人可能会填写很多兴趣爱好。这四个象限是按照自信程度和兴趣程度来区分的，其中的自信程度代表的是你在这方面的能力和满意度。

当你填完了，请思考以下问题：

1. 你可以做什么来把左上角的活动拉到右上角去？

2. 你为何还需要在左下角浪费时间？你需要做什么来减少这部分的时间投入？

3. 你为什么对右下角不感兴趣？

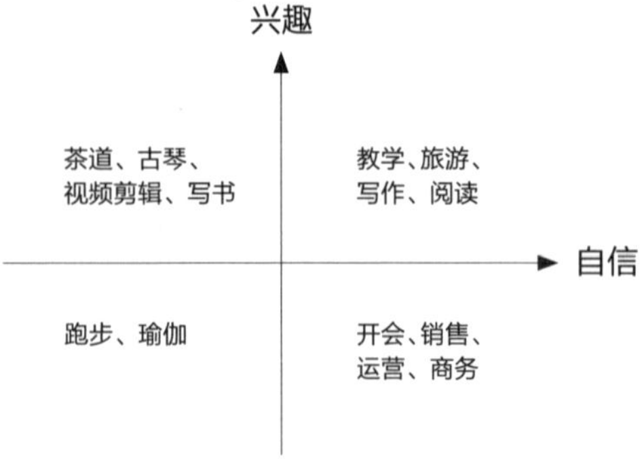

练习二：虽然时间是有限的，但是通过掌控专注度，其实我们可以把有限的时间更好地应用起来。专注度分为聚焦程度和专心程度。聚焦程度是指你在一段时间内是喜欢做一件事还是做很多事。专心程度是指你在做一件事时，头脑和身体是否会经常开小差。

请思考一下你平时一天内的状态是属于四个象限里的哪个象限，各自占比多少。

填写完之后，请思考：

1. 你可以做什么来把左上角的活动拉到右上角去？

2. 你为何还需要在左下角浪费时间？你需要做什么来提升专注度？

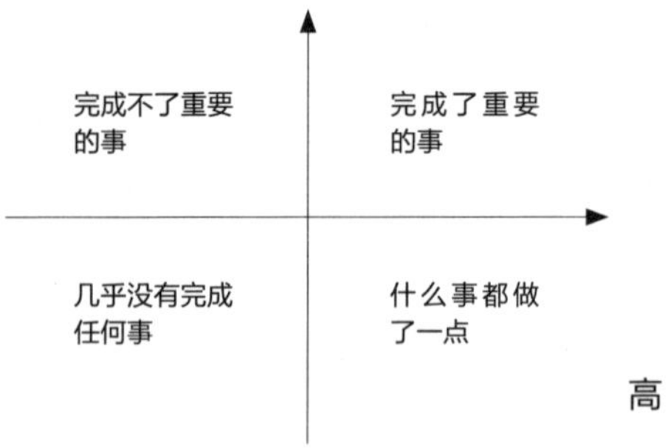

自我认知整合第五步：建立属于你的金钱观

金钱观指的是人们对于金钱的看法和态度。通常这是大家不太愿意提起的一个话题，但是在我看来它却极其重要，因为除了时间，金钱是我们生活中另一个非常重要的资源，但是很多人对它的认知是不全面甚至是带有偏见的。而在这种金钱观的引导下，人的一些价值观也会被扭曲，从而会走很多弯路，即便有很多的金钱，也依然无法获得内心的平静，或为了一点点小钱就做出极其冲动的行为。

我们先看一下什么会影响一个人的金钱观[1]：

1. 通常上一代，尤其是父母长辈的花钱方式会影响下一代的金钱观。

2. 外在社会的发展变化，尤其是经济、政治和文化制度发生变化时，金钱观也会发生变化。过去 50 年中国的经济有了高速发展，你会发现很多 60 后、70 后的金钱观，和很多 90 后、00 后的金钱观有很大的差异。前者可能更希望不断地节约存钱，而后者可能会以更开放的心态去看待个人的负债。

3. 一个人因为过往经历而形成的世界观、人生观和价值观，也会影响他的金钱观。但要注意的是，三观是可以互相影响的。也就是说，一个扭曲的金钱观也可能会扭曲一个人的其他观念。

很多人因为周边因素的影响，对于金钱会有很多负面的自我暗示，或是不确信的地方。比如：

钱是肮脏的。

---

1 部分总结参考了张明星主编的《树立正确的金钱观》里的一些观点。

有钱就有一切。

我只有赚到很多钱才能快乐、自由、幸福。

我不可能既做自己喜欢做的事情，又赚到钱。

有钱的人都是通过不当手段才获得财富的。

钱是节约出来的，不是赚回来的。

有钱的人都很小气。

如果你有上面的情况，可以通过认知破圈法则三来改变这些负面的自我暗示。

人们对金钱观的态度通常可以分成三个方面：

一、对金钱代表什么及其意义的理解。

二、怎样可以赚到钱？方式手段有哪些？

三、如何消费？如何花钱？

因为这是一个关于态度的讨论，所以我不想把自己的观点强加于大家，只想在这里提示几个常见的认知盲区。

盲区一：钱代表了我的存在价值。

金钱应该是一种工具和手段，不能代表你所有的自我价值，也不应该是你所有自我价值的来源。如果你有较强的赚钱能力或很多的财富，对于你实现自己的人生目标肯定是有好处的，可是金钱并不能决定你人生价值的有无大小。

大家是否记得，在自我整合的那 17 个问题里，有一个是：如果你身无分文，你会怎么办？我在这里再追问一个问题：如果你身无分文，你会怎么看待自己？如果你觉得自己没有钱就没有底气、没有价值，请你参考之前关于如何建立自己价值感来源的内容，努力建立起除金钱之外其他价值感的来源。

盲区二：钱是肮脏的或钱是万能的。

就像我们之前对于优缺点的描述一样，我们也会尽可能地用中性的词语来描述金钱。金钱是一种工具，取决于你要达到的目标是什么，以及你如何获得它，它才会被赋予一个正确或错误、肮脏或高尚的定义。比尔·盖茨赚了很多钱，他把 90% 以上的财富都捐给了基金会用于做慈善。从他花钱的方式上来说，我们不能说钱是肮脏的。

从这个角度上来说，金钱其实是一个中性的东西。我们不需要过分夸大它作为工具的重要性，也不需要人为地给它加一个标签或定义。近朱者赤，近墨者黑，金钱的标签到底是什么取决于你。

盲区三：远高于或远低于自己经济能力的花钱方式。

我曾经听朋友说，他一个亲戚在北京二环有两三套房，身价有几个亿，但每天只吃最朴素的面条和排骨，舍不得花钱买任何东西或改善他的生活质量。他也不在其他方面花钱，就喜欢看他存折里九位数的数字。虽然我不知道他本人是怎么想的，但是光从其行为上来看，有一种可能性是，这个人没有意识到金钱是改善生活、实现人生目标的工具，而把金钱当成了最终的目标，从而成了金钱的奴隶。与其相反的是,有些人为了买一些奢侈品会刷爆好几张信用卡，甚至为此不得已借高利贷，被列入失信名单。

这两种情况都是远高于或低于自己经济能力的花钱方式。有些人可能事实上很有钱，但在心理上却是个穷人。有的人可能在事实上是个穷人，但是花钱的方式却好像是永远不需要担忧未来。这两种方式都有一些过于极端了，背后驱动的原因有可能是比较深层的不安全感，以及基于这个不安全感而产生的对于物质享受和炫耀的需求。如果是这种情况，我会建议通过打破认知限制的三个步骤来进行深度的挖掘。

盲区四：忽略对于孩子金钱观的培养。

虽然我教导的主要是成年人，却也经常遇到他们面临的关于管教小孩的一些问题。

有些人会习惯富养小孩，小孩想要什么伸手就来，时间长了，孩子的金钱观就会比较薄弱，而且也不一定能体会到赚钱可能会面临的挑战。等到这些小孩成年，发现自己不具备足够的经济能力支撑自己固有的消费方式时，就可能慢慢变成依赖父母的啃老族。

还有的孩子会因为父母教导说金钱是邪恶的，不要钱是高尚的，长大后可能在一些应该坚持自己利益的情况下也不会为自己争取利益，从而被不公平地对待。

各个地方都有适合当地文化和经济发展水平的金钱观，在这里我就简单列一下犹太人的金钱观。之所以以犹太人为例，是因为他们不仅重视教育，还非常重视对孩子金钱观的培养。[1]

犹太人认为，让孩子尽早就接触金钱，对其财商的培养很有益处。在家庭中，孩子帮忙做家务，父母是要付费的，而且采取同工同酬，孩子所得薪酬标准视工作的难易程度而定，与年龄大小无关。

从 3 岁起，犹太人就开始为孩子制订金钱意识的培养计划：

3—4 岁，孩子在父母的帮助下，学会辨认钱币种类，认识币值多少；

---

1 张明星 . 树立正确的金钱观 . 成都：西南财经大学出版社，2011.

4—5 岁，孩子在父母的监护下，学会用钱购买一些简单的小商品；

5—6 岁，父母应教育孩子知道钱来得不容易，要得到它必须付出艰辛劳动；

6—7 岁，孩子会数 5000 美元以内的钱，能用储蓄罐等东西储钱，培养“这是我的钱”的意识；

7—8 岁，孩子可以看懂商品价格标签，能判断自己有无购买此商品的能力；

8—9 岁，孩子可以自主在银行开户存钱，能自己工作挣零花钱，如卖报、擦皮鞋、做家务等；

10—12 岁，亲身体验到挣钱绝非易事，树立节约观念，不忽视一分钱的价值；

12 岁以后，可以像成人一样参与任何商业活动。

看了上面这些不同的观点和常见盲区，请你列出你自己的金钱观。

1. 金钱代表什么？对你来说有哪些意义？

2. 怎样可以赚到钱？手段有哪些？

3. 如何消费？如何花钱？什么东西应该花钱？什么东西不应该花钱？

4. 如何定义一件事物的性价比？怎样是合算的，怎样是不合算的？

5. 在花钱时，你是否考虑非金钱事物的价值？比如，花 100 元打车而不用晒太阳，请保洁阿姨而不用自己花时间做清洁，等等。你如何衡量这些东西的价值？

6. 你是否会在小钱上斤斤计较，反而在大钱上随随便便？或者，在某一特定方面特别计较，而在另一些方面特别大方？

自我认知整合第六步：重塑你的核心价值观

在“通过情绪来分析出你的价值观”里，我们已经对广义价值观做了较多阐述。在这里，我想聊一聊，当你发现你的核心价值观与你想要活出的自我发生矛盾时，你应该怎么办？

这是我定义出的自我：

1. 核心原则：少即是多；

2. 品格定义：我是一个正直、坦诚、善良、坚持的人；

3. 人生追求：探索宇宙和人类存在的奥秘和真理；

4. 价值体现：创造，帮助他人解决人生中的重要问题；

5. 核心价值观：自由、平等、效率、有趣。

我们需要检验每一条是否会和其他条款发生冲突，是否存在会导致不好结果的情形。不然，你按照这个模式去活出自我肯定会遇到很多挑战。而提前推演出潜在的不好结果，就可以对这些定义的利弊有更好的觉知。

在这些条款里，“少即是多”符合我对“自由”的定义。我的品格定义和我的价值观没有冲突，我的人生追求和其他项也没有明显冲突，但是我对“平等”的执着会让我对某些教条感到反感。“效率”这个价值观可能会阻碍我长期价值的体现，比如我可能在待人接物上因为过分追求当时的效率而变得没耐心，那就会妨碍我帮助他人的意图，所以我需要提醒自己，注重长期效率而不是短期效率。

我的自我定义整体看起来好像没什么大问题。这是因为在核心价值观里我故意忽略了一点：公平。这是我一直以来非常看重的一个价值观，但是在我想要活出的自我中，这个价值观不是那么相关，而且在现实生活中还经常给我带来各种内在的挣扎。

比如，我以前特别不喜欢会撒娇的女孩子，觉得动动嘴皮子就可以让别人为其付出很多，凭什么？我觉得不公平。

后来才发现，自己对于公平的定义过于狭窄了。如果对方潜意识里有通过展现自己的强大从而获得自我价值感的需求，而会撒娇的女生刚好满足了他这种需求，那么就可以说这种“交易”对于双方来说都是公平的。我只是看不到除了聪明才智之外，其他事物对于别人的价值而已。但是，我却会因为自己之前比较狭窄的公平定义，而本能地讨厌会撒娇的女生，甚至过于极端地不太愿意和女生打交道，导致在很长一段时间里，我都没有特别女性化的女生好友。

公平的另一个问题是它的主观性，我可能认为我的咨询服务值3000元，你可能认为它值1000元，而另一个人愿意花5000元，那么谁的意见可以代表公平的标准呢？这么分析下来，我大量应用的“公平”是个谬论，因为它永远会受到主观的限制而无法做到客观公平，而在我看来，主观公平不是真正的公平。

因此，如果你的价值观经常会给你带来一些问题，那你可以重新定义这个价值观的内涵，或扩充它的内在维度来让它更好地符合你当下的需求。我在“不要让过去的标签困住当下的自我（深度案例4）”里，有对这种方法的应用。对于公平这个价值观，我一方面刻意选择不同的公平定义，比如世俗约定的公平，而不是绝对数量上的公平来减少其主观性。另外，我也会努力拓宽视野去看到事物其他方面的价值。比如，我花好几天免费去给一个学校做分享，收获的是他人的善意和感激，而这些感情是不可以直接用金钱去衡量的。

还有一种方式是通过长期的刻意练习来弱化这个价值观。其原理和我们在“把认知内化为能力的高手会做这样的实践”和“反编码你的思维记忆，提升自信”等章节里描述的过程类似。如果我想弱化“公平”这个价值观，我需要做一个简单总结，概括我通过透彻思考“公平”后得出来的结论——没有客观的公平，只有主观的公平，而且有不同维度的公平。当我发现自己的潜意识依然按照“公平”这种标准行事或产生情绪时，我就会重复告诉自己：公平没有客观性。这个总结就会调动起我对之前分析的回忆，从而打消我按照“公平”行事的念头，重新思考其他合适的模式。

换句话说，我需要通过刻意的练习来把我原先的价值观做一个降级，让它不再主导我的判断标准。只有这样，我才能突破这一不合理信念的束缚。

妙用情绪驱动改变

自我认知整合第七步：创造崭新的行为模式

有位学员原先非常讨厌自己的工作，在我帮他梳理过后，他才发现，这份工作其实是符合他的人生目标和价值观的，只不过他因为过去的情绪扳机和局限性的信念体会不由自主地产生情绪。之后他尝试着改变自己的态度，一段时间后，他问我："我早上起床时，时常有对现在这份工作的不确定和厌恶感。但白天工作起来，完成一些事情时，还是会有满足感，觉得还不错。这是怎么回事？"

当我们重新制定自我的三观和对于生活的定义之后，我们就需要相关的行为模式来巩固它们。但是，就像上面这位学员遇到的情况，他旧有的情绪会干扰他新的行为模式。

我们在"把认知内化为能力的高手会做这样的实践"和全书众多案例里探讨过如何改变你的惯性行为模式。在这里再补充一个重塑情绪记忆的方法，通过整合情绪体和记忆体的特质来帮助大家巩固新的行为模式。

心理学家南希·曼恩做过一个研究，选取三组实验对象来对比不同的戒毒方法。[1]

第一组实验对象用的是强制戒毒，也就是说，基于外部压力帮助他们不接触毒品。但是外部压力的影响持续性不够强，在这些吸

1（美）安东尼·罗宾著．唤醒心中的巨人．王平译．北京：中国城市出版社，2011.

毒者结束实验以后，通常很多人没过多久毒瘾又犯了。这是因为外部的压力一旦消失，内在又没有建立起相对应的驱动力，人就会很容易屈服于固有的习惯。

第二组实验对象是用非常强大的决心去戒毒。为了戒毒，他们愿意竭尽全力，所以这些人戒毒的时间比第一组要长不少，差不多要超过两年。但是，如果外在情况给予他们过大压力时，他们就又会靠吸毒来逃避压力。他们戒毒失败，是因为没有找到替代旧有习惯性模式的新模式。

第三组实验对象找到了很好的替代毒品的模式。他们发现在家庭生活中、在工作中或在社会交往中有些行为给他们带来的感觉会比吸毒的行为更好，所以其中绝大部分人从此再也没有犯过毒瘾，即便有少数人复吸，也维持了至少八年没有复吸的记录。

如果你没有建立起一个自我整合的体系，那么你在生活中就可能会像第一组的吸毒者一样，很快就会恢复到固有的行为模式。而通过之前我们讲述的六个步骤，你确定了真正的自我信念、价值感和三观，以及你希望达到的生活目标，就发掘了自己更强大的内在驱动力。但是，如果要像第三组这样不再回到旧有的模式，你还可以重塑你的情绪记忆，用强烈的情绪帮助你去创造新的行为模式。

我们可以把之前制定的那些目标和我们希望改变的行为模式一一列出来，针对每一个模式，我们需要进行下面的操作。

首先消除内心潜在的纠结。很多人知道自己需要改变，可是不知道为什么，就是没有办法采取实际行动。究其原因，可能是我们内心对改变充满了矛盾的想法。比如对于一些肥胖的人来说，肥胖其实给他提供了绝佳的理由，让他把生活中很多不好的事情归结于自己的肥胖，尤其是人际交往上的挫折；而一旦他减肥成功，他在人际交往上真实的弱点就会暴露在他面前，没有任何借口可以让他逃避应对自己身上的这些不足，以及由这些不足带来的深刻自卑感。这种潜意识的想法，就足以让一个肥胖的人拒绝减肥。

一种有效消除这种纠结的办法就是让你所经历的痛苦到达临界点，这样你就会逼着自己意识到，如果不立刻行动就会遭受极其巨大的痛苦，与之相比，改变所带来的痛苦就变得无足轻重了。我个人曾经有三年半没有锻炼，虽然下了无数次决心，依然没有实践。直到后来我有一天睡觉时手脚完全麻木，感到血液不畅通、胸闷气短，这才意识到锻炼对身体的重要性，第二天就立刻开始锻炼了。可见生理上的痛苦能有效地帮助人产生改变的动力，当然我并不希望大家在生理上虐待自己。你也可以问一些能够引发你极其强烈负面情绪的问题，比如如果你不做这种改变会产生怎样糟糕的后果。如果这种后果带来的痛苦会强烈到你不敢也不愿意再拖延下去，那你就会做出改变了。

有时尽管我们愿意改变，但还是会有一些过去的记忆体困扰着我们。虽然这些记忆体还没有强大到产生情绪扳机，但是也会造成我们内心不断涌起的一些负面情绪。这时候你可以用 NLP（Neuro-Linguistic Programming，神经语言程序学）专家安东尼·罗宾提到的一种简单技巧来帮助你改变。方法如下：

1. 观察一下脑海中那件让你很困惑的事情。你需要注意里面的每一个细节和过程，就像看一部电影一样。

2. 把这一幕转化为一部卡通片。想象你坐在一张椅子上，脸上带着笑容。你尽可能快速地倒放这部卡通片，所有的事情就反了过来，说话的人仿佛把话吞了回去。之后你再把整件事情倒放回去，以更快的速度播放一遍。完成这一过程之后，你再去改变里面人物的色彩，你可以把里面的人变成各种颜色，越稀奇古怪越好。尤其是那些让你看着特别不顺眼的人，你可以把他的耳朵弄得像米老鼠的耳朵那样，或者把他的身体变成一个气球。就这样来回反复十几遍，你可以不断地变化其中人物的形象，同时在脑海里配上你喜欢的音乐。尽量把这个音乐和之前让你不快乐的图像联系在一起，这样就会改变你之前的感受。整个过程中的关键节点是倒放的速度和改变这些人和事的扭曲或夸张程度。现在再想想之前让你不快乐的场景，你的感受是什么?

3. 如果第二步有效的话，你就已经打破了之前习惯性的情绪模式。你会发现，你想回到先前消极和低落的状态就没那么容易了。如此反复加以调整和练习，那些情绪就很难出现了。

当你能够消除所有的纠结和内心的负面情绪之后，还需要清晰定义那些可以替代你固有模式的新行为。比如，如果你想戒烟，就可以在短期内先找一些烟草的替代品，或其他可以让你感到放松、缓解压力的行为。不断调整和练习这些新的行为，直到它们成为习惯。在这个调整的过程中，你需要不停地给自己添加一些正向的激励。比如，如果三天不吸烟就给自己一个小奖励。你也可以把自己希望改变的模式告诉周围的人，请他们在你完成这种改变时给予你奖励。

通过上面这些步骤，你就可以重塑情绪记忆，用这种强大的驱动力来创造出一些新的行为模式来取代你固有的行为模式。

生活是由一个个行为组成的，当你用符合你的自我定义的行为来生活时，也就活出了想要成为的自我。

什么才是生而为人的真正自由

作为结语，我想聊一个问题：什么才是生而为人的真正自由？

这似乎是一个很庞大的问题，但是大道至简，庞大的问题通常只需要一个很简单的回答。

我的回答是：明晰自己存在的价值和意义，从而放下无关事物，活出自我。

这个答案基于一个信念：一个人实际上能掌握的东西很少，所以能知道什么是自己可以改变的，什么是自己不能改变的，并且能区分这两者，就已经是莫大的智慧了。

人有三个掌控圈层：

第一个圈层是你完全无法掌握的，比如明天的天气。

第二个圈层是你以为你可以掌握，其实并不能完全掌握的，比如你无法控制自己的心跳，你无法预测伴侣的想法和行为。

第三个圈层是你完全能够掌握的，那就是你对待事物的态度和信念。

其实我所谓的认知破圈，只是帮助你意识到哪些是第二个圈层的事物，哪些是第三个圈层的事物，并且教你如何掌控第三个圈层的事物。

有限制的自由，才是生而为人的自由。

提升思考能力的书单

下面这个书单，介绍了几本自我成长类图书中与思维方法相关且比较经典的作品，感兴趣的同学可以去阅读。

《终身成长》，作者是卡罗尔·德韦克。这本书描述了固定思维和成长思维之间的区别，很值得恐惧失败的人阅读。

《学会提问》，作者是美国的尼尔·布朗和斯图尔特·基利。很多人并不是不具备分析问题的能力，而是他一开始定义的问题就是错误的，而沿着错误的问题去分析是不会得到正确的答案的。

《思考的艺术》，作者是文森特·赖安·拉吉罗。这本书是美国大学生必读的一本书，当之无愧地成为批判性思维的入门书。

《批判性思维：带你走出思维的误区》，作者是布鲁克·诺埃尔·摩尔和理查德·帕克。这本书文如其名。

《决策的智慧》，作者是美国的大卫·R. 亨德森和查尔斯·L. 胡珀。这本书从经济学的角度讲述了人们思维上的很多误区和决策上的盲点，案例比较多。

《思辨与立场：生活中无处不在的批判性思维工具》，作者是美国的理查德·保罗和琳达·埃尔德。这本书非常翔实地讲述了思维的要素和理性思考的标准，内容比较全面。

图书在版编目（CIP）数据

破圈 / 顾及著 . —北京：北京联合出版公司，2021.10（2024.8 重印）

ISBN 978-7-5596-5552-3

Ⅰ . ①破… Ⅱ . ①顾… Ⅲ . ①成功心理—通俗读物 Ⅳ . ① B848.4-49

中国版本图书馆 CIP 数据核字（2021）第 187326 号

破 圈

作　　者：顾　及
出 品 人：赵红仕
责任编辑：郭佳佳

北京联合出版公司出版
（北京市西城区德外大街 83 号楼 9 层　100088）
河北鹏润印刷有限公司印刷　新华书店经销
字数：223 千字　880mm × 1230mm　1/32　印张：10
2021 年 10 月第 1 版　2024 年 8 月第 9 次印刷
ISBN 978-7-5596-5552-3
定价：56.00 元
